全国注册核安全工程师执业资格考试辅导教材

核安全案例分析

（2024 年版）

生态环境部核与辐射安全中心　组织编写

中国环境出版集团·北京

图书在版编目（CIP）数据

核安全案例分析 ：2024年版 / 生态环境部核与辐射安全中心组织编写. -- 北京：中国环境出版集团，2024. 7. （2025.3 重印）--（全国注册核安全工程师执业资格考试辅导教材）. --ISBN 978-7-5111-5885-7
Ⅰ. TL7
中国国家版本馆 CIP 数据核字第 2024TP6556 号

责任编辑　董蓓蓓
封面设计　彭　杉

出版发行　中国环境出版集团
（100062　北京市东城区广渠门内大街 16 号）
网　　址：http://www.cesp.com.cn
电子邮箱：bjgl@cesp.com.cn
联系电话：010-67112765（编辑管理部）
发行热线：010-67125803，010-67113405（传真）
印　　刷　玖龙（天津）印刷有限公司
经　　销　各地新华书店
版　　次　2024 年 7 月第 1 版
印　　次　2025 年 3 月第 2 次印刷
开　　本　787×1092　1/16
印　　张　12.25
字　　数　280 千字
定　　价　39.00 元

全国注册核安全工程师执业资格考试辅导教材（2024 年版）

编审委员会

2024 年版出版说明

全国注册核安全工程师执业资格考试辅导教材（原“注册核安全工程师岗位培训丛书”）自出版发行以来，受到广大核与辐射安全从业人员和其他读者的欢迎，也得到行业各领域专家、学者和广大读者的诸多热心帮助，特别是历次修订编审委员会成员的倾力相助，在此一并表示诚挚感谢。本套教材作为全国注册核安全工程师执业资格的考试用书，为注册核安全工程师执业资格制度的实施发挥了重要作用。

党中央、国务院高度重视核安全与放射性污染防治工作。党的十八大以来，以习近平同志为核心的党中央胸怀中华民族伟大复兴战略全局和世界百年未有之大变局，将国家安全作为头等大事，创造性提出总体国家安全观，将核安全观纳入国家总体安全体系，提出理性、协调、并进的中国核安全观，倡导打造核安全命运共同体，要求守牢美丽中国建设安全底线，指引新时代核安全工作取得历史性成就。经过多年努力，我国核能与核技术利用事业发展取得显著成就，在有效的监管之下始终保持良好安全业绩，核电安全达到国际先进水平，研究堆和核燃料循环设施保持良好安全记录，放射源辐射事故发生率持续降低。核能与核技术利用事业的持续健康较快发展，对我国核与辐射安全从业人员，尤其是注册核安全工程师的专业理论知识和专业技术能力提出更高要求。

为了使报考人员了解行业发展新形势和法规标准新要求，本套教材自第 1 版出版发行以来，已历经多次修订，最近一次修订为 2018 年完成的第五次修订。2018 年版教材发行以来，我国核能与核技术利用事业稳步推进，取得一系列重要成果，行业发展呈现一些新技术、新趋势，例如华龙一号、AP1000、EPR、高温气冷堆等先进反应堆示范工程率先在我国建成投产，快中子增殖堆、钍基熔盐堆、小型模块化堆等设计研发与工程建设走在世界前列。截至 2024 年 4 月底，我国已有投入运行核电机组 56 台、在建机组 27 台，此外还有民用研究堆 21 座、民用核燃料循环设施 21 座，在用放射源和射线装置分别达 17 万枚和 29 万台（套）。与此同时，核与辐射安全相关法规标准也有了较大变化，涉及的行政法规、部门规章和重要规范性文件多达 18 份，此外多部国家标准、核安全导则完成制修订并发布实施。结合第五次修订版教材近几年的应用实践，我们深感本套教材还存在许多不足之处，为使教材努力跟上变化并日臻完善，我们组织部分相关专家、学者，用时近一年完成了第六次修订，最终形成 2024 年版教材。

本套教材共四册，包括《核安全相关法律法规》《核安全综合知识》《核安全专业实务》《核安全案例分析》，本次对四册均进行了修订。

《核安全相关法律法规》由王承智收集整理和编写。《核安全案例分析》由陈方强、黄超云收集整理和编写。《核安全综合知识》和《核安全专业实务》由于专业范围广，为了确保编写质量，编审委员会按章节分别组织编写和审核。

《核安全综合知识》共分十章。第一章由郑超颖、陈伯显编写，周志伟、俞冀阳审核；第二章由俞冀阳编写，周志伟审核；第三章由余建辉编写，周志伟、周一东审核；第四章由张跃编写，王瑞平、黄炳臣审核；第五章由徐培昇、吴哲、吕丹编写，赵善桂、吴浩、张春龙审核；第六章由张友九编写，王晓涛、涂彧审核；第七章由贾伟、朱立编写，曲静原、肖雪夫、宋志艳审核；第八章由徐旭涛、张庆贤编写，肖雪夫、刘弓冶审核；第九章由吴钟旺编写，程建秀审核；第十章由齐媛编写，张天祝、董毅漫审核。全书由李红、肖雪夫、张跃、陈方强统稿。

《核安全专业实务》共分十四章。第一章由陈方强编写，张天祝、王瑞平审核；第二章由段红卫编写，黄超云、王瑞平、张跃审核；第三章由孙锋编写，潘蓉、李红审核；第四章由俞冀阳、李春编写，余建辉、郭建兵审核；第五章由张波编写，俞冀阳、周一东、黄超云、庞伟审核；第六章由黄炳臣编写，张跃、浦承皓审核；第七章由吕丹、吴哲、张春龙编写，赵善桂、徐培昇、徐春艳、吴浩审核；第八章由张敏编写，刘天舒审核；第九章由曲静原编写，李红审核；第十章由彭慧编写，王晓涛审核；第十一章由将婧、目学英编写，吴浩、徐春艳审核；第十二章由曹芳芳编写，陈方强、潘玉婷审核；第十三章由商照荣编写，吴浩审核；第十四章由杨斌编写，商照荣、宋志艳、徐旭涛审核。全书由陈方强、曲静原、周志伟统稿。

赵永康、张天祝、王承智、黄超云参与了教材有关统稿工作。孙僖悦、滕伟伟、叶凯、邢丹、张阳、李莉、陈帅、黄文豪等参与了教材有关内容的校核工作。全套教材编审过程中的汇总协调工作由孙僖悦、陈方强完成。

教材在修订过程中，为尽量避免晦涩的语言和艰深的理论，力求做到深入浅出，理论联系实际。但由于核与辐射相关知识本身的专业性以及内容的广泛性，虽经反复斟酌和努力，仍难免存在诸多不足之处，敬请广大读者批评指正。为持续改进教材，编审委员会诚挚邀请行业从业人员积极发现问题，并期待您的积极反馈（问题和建议反馈邮箱：zhjckw@163.com）。

编　者

2024 年 6 月 30 日

前言

我国对核能与核技术的开发利用始于20世纪50年代。经过多年的不懈努力，核能与核技术已在我国国防、医疗、能源、工业、农业、科研和教育等领域得到了广泛利用，这对维护我国国防安全、促进国民经济和社会发展、增强我国综合国力，起到了十分积极的作用。长期以来，我国的核与辐射安全整体上保持高水平。截至2024年4月，我国已有运行核电机组56台、在建机组27台，此外，还有民用研究堆21座、民用核燃料循环设施21座，全部保持良好安全记录，在建核设施建造质量受控；17万枚在用放射源和29万台（套）射线装置安全受控；全国辐射环境质量总体良好，公众健康和环境安全得到有效保障。与此同时，我们也应清醒地认识到：核设施建造和运行方面，一些违规操作、造假事件有所出现；核技术利用方面，由于单位多而散、部分单位管理不善等，近年来因放射源使用不当或丢失导致的辐射事故仍时有发生；铀（钍）矿和伴生放射性矿开发利用方面，由于对放射性污染防治重视不够，放射性废矿渣还存在着乱堆、乱放的情况，对环境安全和公众健康带来潜在风险；放射性废物管理方面，虽然国家发布了放射性废物处置的政策，但由于很长时间以来缺乏强制性的法律制度和措施，致使对放射性废物的处置不力，也在一定程度上对环境和公众健康构成潜在威胁。为解决上述问题，进一步做好放射性污染防治工作，在总结我国放射性污染防治的实践经验、借鉴一些有核国家防治放射性污染的成功经验的基础上，我国于 2003 年通过并实施了《中华人民共和国放射性污染防治法》，从放射性污染防治和环境安全的角度对核与辐射安全活动提出要求，对我国核与辐射安全的统一监管起到了巨大作用。2017 年 9 月 1 日，全国人大通过了《中华人民共和国核安全法》，2018 年 1 月 1 日起正式实施，进一步明确了对核设施、核材料及相关放射性废物等的全链条法律监管要求，防止造成核事故并最大限度地减轻核事故的放射性后果，为我国核安全监管的各个方面奠定了坚实的法律基础。

为了提高核安全专业人员的素质，确保核与辐射环境安全，维护国家、社会和公众利益，人事部、国家环境保护总局于 2002 年 11 月 19 日发布《关于印发〈注册核安全工程师执业资格制度暂行规定〉的通知》（人发〔2002〕106 号），决定在核安全及相关领域中建立注册核安全工程师执业资格制度。根据《注册核安全工程师执业资格考试实施办法》，注册核安全工程师执业资格考试科目为：《核安全相关法律法规》《核安全综合知识》《核安全专业实务》《核安全案例分析》。

为了方便考生复习和准备考试，教材编审委员会依据《注册核安全工程师执业资格考试大纲（2024 年版）》的具体要求编写了本套教材，供广大专业人员培训或自学使用。本套教材共四个分册，包括《核安全相关法律法规》《核安全综合知识》《核安全专业实务》《核安全案例分析》。本套教材在原“注册核安全工程师岗位培训丛书”框架和内容基础上编制，对历次参与教材编审的各位领导、专家、学者表示诚挚的谢意。本次编审过程中，多位领导、专家、学者给予了很多宝贵意见和建议，中国环境出版集团的编辑们在校核过程中做了大量工作，在此一并致谢。

本套教材在编写过程中，虽然反复斟酌和努力，但仍难免存在不足之处，诚望广大读者提供宝贵意见，以便再版时进一步修改完善。

目录

第一部分

案例分析

一、反应堆工程案例

案例 1　某试验反应堆主泵故障事件

背景材料

某试验堆由两台离心式清水泵（1 号、2 号）建立一次水强迫循环。该试验堆于半年内发生了 5 次主泵故障，造成非计划停堆 4 次，故障涉及的问题比较集中，频度高。

主泵故障情况如下：

第一次，在反应堆临界试验过程中主泵跳闸，原因是靠近主泵的供电开关保险松开，拧紧保险后重新启动主泵，运行正常。

第二次，出现一次水流量低警告信号，手动停堆后，检查发现 2 号主泵入口阀 Z03 处在半开状态。分析认为是 1 号主泵振动较大，堆芯出口母管低频振动使 2 号主泵入口阀 Z03 手轮共振下滑所致。检修发现 1 号主泵联轴节靠背轮减振垫圈全部振碎，主泵轴端部弯曲，轴承保持架破碎，机械密封磨损。经修理后重新启泵，恢复运行。但考虑到 1 号主泵已经损坏，决定更换，并立即向生产厂家订货。

第三次，2 号主泵后轴承损坏，分析原因也是振动所致。（随后 2 号主泵又一次发生后轴承损坏）。

第四次，2 号主泵入口测压脉冲管与入口管的焊缝断裂。

第五次，2 号主泵入口测压脉冲管与入口管的焊缝再次断裂。

每次主泵发生故障，均采取了一定的处置措施，但没有阻止故障的一再发生。根据长期以来存在地面振动较大的情况，推断 1 号主泵机座可能发生下沉，使泵轴扭曲，造成多次运行设备损坏，决定在更换新泵时拆除机座重新浇注。

拆除 1 号主泵机座见到的情况符合分析意见：

（1）移开主泵底盘后，发现机座上部水泥层全部振碎为粉末状；

（2）电机机座部位混凝土较为疏松，特别是南西部位地脚螺栓周围混凝土尤其疏松，构成受力不均匀而振动；

（3）混凝土机座比较单薄，载荷能力不足，机座没有开挖机坑，仅与地面构成一体，下面存在很厚的软土层，振动能量形成纵向与横向波动，在长期过程中渐变而产生位移与变形。

为此，针对浮土层开挖近 1 m 深的机坑，考虑设置槽支架、定位板、安装板及微调对中措施。1 号主泵安装完毕。试车启动运行平稳，振动和噪声很小，用振动仪测试，符合设计要求，经验收，正式投入运行。

对 2 号主泵同样更换新泵并重建机座。此后，主泵运行状态良好。

问题

1．根据国家核安全法规，试分析本案例发生非计划停堆的主要原因。

2．本案例的纠正措施是如何确定的？其内容包括哪些？

3．应吸取的经验教训。

分析要点

本案例属于研究堆的运行事件。应根据背景材料提供的情况分析多次发生非计划停堆的原因。在此基础上分析得到主要原因是设计缺陷、施工缺陷、管理因素和人的因素。确定纠正措施应基于主要原因而考虑。应吸取的经验教训包括设备和人为两方面。

参考答案

1．主要原因：

（1）这是一起因反应堆主要设备故障而引起的运行事件。1 号和 2 号主泵由于振动过大多次发生故障，造成多次非计划停堆。对前几次故障只是做了局部处理，马上又投入运行，并没有解决根本问题，因此故障连续发生。

（2）由于主泵振动过大引起损坏，进一步分析发现，两台主泵多次发生故障是由于机座设计载荷能力不足及施工上存在严重缺陷。工作管理中的人为差错表现为：只查一般情况，而没有分析主要原因，因此无法找到正确的纠正措施，造成事件一再发生。工作人员自身的人为差错表现为：人员发现、解决问题的能力不够，造成事件连续发生。

2．纠正措施是根据主要原因确定的。纠正措施包括：机座设计、机座施工、管理改进和提高维修人员的知识与能力。

3．应吸取的经验教训：必须把减少和防止设备故障与人为差错作为重要的安全目标。从管理角度来说，必须建立起一套完整的规章制度并严格执行。发生了故障，要查明情况，采取切实可行的纠正措施。这样才能从根本上解决问题。从人员来讲，检修工作必须由受过良好培训、具备相应知识与技能的人员承担。

案例2 某核电厂硼稀释事件

背景材料

某核电厂在对主系统升压补水的过程中，操纵员误将换料水箱中 2 100 ppm（10^{-6}）的硼水当作硼酸制备系统 7 000 ppm 的硼水与清水混合，补入了主系统。后从硼浓度表指示发现问题，及时停止了补水过程，事件没有造成严重后果。

事件后调查发现：由于核电厂过于追求进度，在大量系统尚未完成调试的情况下急忙装料，导致许多系统尚未移交主控制室。由于系统调试工作分散，使主控制室人员对核电厂整体状态，特别是系统状态缺乏了解和控制，所以并不知道系统状态已经改变，补水用的硼酸补给泵已从硼酸制备系统切换到换料水箱，而从事补水操作的操纵员并不知道。

问题

1．根据国际核与辐射事件分级表（INES），试对本事件进行分级。

2．根据国家核安全法规，试分析本事件的主要原因。

3．应吸取哪些经验教训？

分析要点

本案例属于核电厂运行事件。事件分级应按 INES 的规定进行。事件发生的主要原因应根据背景材料所提供的情节进行分析，主要涉及核电厂反应堆运行中的生产安排、信息沟通和操纵员失误等人为差错，在此基础上分析，主要涉及安全管理以及运行人员的资格等。总结应吸取的经验教训。

参考答案

1．根据纵深防御准则，该事件出现了超出规定运行范围的异常情况，事件分级为 INES 1 级。

2．事件发生的主要原因：

（1）这是一起核电厂反应堆运行的安全事件。一方面没有真正树立“安全第一”的思想，生产进度的安排忽略了安全的要求，在大量系统尚未完成调试的情况下急忙装料，导致许多系统尚未移交主控制室。同时，由于系统调试工作分散，使主控制室人员对核电厂整体状态，特别是系统状态缺乏了解和控制，并不知道系统状态已经改变。另一方面操纵员没有特别关注防止硼稀释事件的问题，没有进行有关的检查与观测，出现了操作失误。

（2）a．工作管理中的人为差错：一方面营运单位管理层在安排生产计划时出现了差错，另一方面在信息沟通和反馈上出现了失误；b．从核电厂反应堆运行的基本要求来看，操纵员的知识和技能尚不能满足要求。

3．应吸取的经验教训：

必须把减少和防止核电厂的人为差错作为重要的安全目标之一，为此：

（1）从管理角度讲，真正树立“安全第一”的思想，生产进度的安排必须符合安全的要求，并在实践中严格执行。计划的制订和执行的情况必须及时传达到每一位有关的工作人员，使其及时了解工作进展的相关信息。

（2）从人员资格角度讲，首先，要进一步加强运行人员责任心，在执行重要操作前，应该核实系统状态，再进行操作。其次，对运行人员应加强培训，以提高其安全意识和技能。此外，运行人员还应通过经验反馈了解有关核电厂的运行经验和教训（如在核电厂运行过程中多次发生过的硼稀释事件等），以防止发生类似的事件。

案例 3　二环路核电厂应急给水系统设计差错案例

背景材料

某二环路核电厂的辅助给水系统（应急给水系统），设计包括有两台电动给水泵分别向两台蒸汽发生器提供应急给水，一台柴油机驱动给水泵向两台蒸汽发生器提供应急给水（如下图）。对于应急给水最具挑战性的设计基准事故为“主给水管道断裂”。在此事故发生时，如能向完好蒸汽发生器提供 36 t/h 流量的应急给水，则能达到安全要求。如果设计给出上述电动给水泵的流量为每台 48 t/h，在事故过程不能关闭应急给水阀，柴油机驱动给水泵的给水阀为限流阀，最大流量为每台 44 t/h。

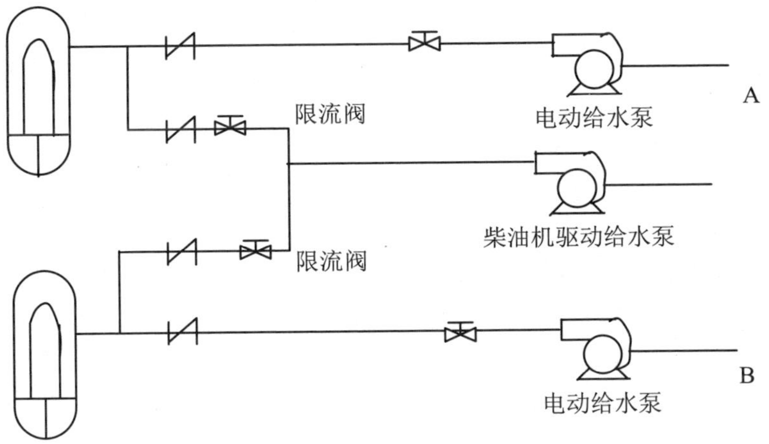

问题

1. 两台电动给水泵的动力取自什么电源？
2. 安全分析时，破口及单一故障应如何保守地假设？
3. 柴油机驱动给水泵至少应有多大流量？

分析要点

这是一个核电厂工程安全设计的案例。第一个问题，应考虑分析设计基准事故对厂外交流电源的假设，同时应考虑防止一台应急柴油发电机失效引起共因故障。第二个问题，保守的假设应考虑最不利的情况。第三个问题涉及柴油机驱动泵在存在破口处于最不利情况下的供水流量计算。

参考答案

1．分析设计基准事故，应假设厂外交流电源丧失，为防止一台应急柴油发电机失效引起共因故障，电动应急给水泵 A、B 应分别接在应急柴油发电机系列 A、B 上。

2．保守地假设应考虑最不利的情况，应假设破口在靠近蒸汽发生器的给水管道上，如假设在系列 A 的管道上，单一故障则应假设系列 B 的应急柴油发电机或电动应急给水泵 B 失效，这样假设，两台电动给水泵都不能提供应急给水，只能由柴油机驱动给水泵提供应急给水。

3．柴油机驱动给水泵至多通过限流阀经破口流失 44 t/h 给水，为保证向完好蒸汽发生器提供 36 t/h 给水，柴油机驱动给水泵至少应有 80 t/h 的流量。

案例 4 压水堆核电厂二回路管线上大气释放阀安全设计案例

背景材料

在典型的三环路或四环路压水堆核电厂的设计中，二回路每条主蒸汽管线均设有一个大气释放阀及一系列安全阀。大气释放阀和安全阀均设计为核安全 2 级、抗震 1 类。安全阀为弹簧加载，其整定值一般不能在主控制室加以调节。大气释放阀通常为压缩空气的气动阀，其整定值具有可调性，操纵员可根据需要在主控制室通过手动调整其开启整定值。

对于二环路压水堆核电厂，二回路管线上的大气释放阀还应有特殊要求。

问题

1. 二回路管线上的大气释放阀的安全作用是什么？

2. 二回路管线上的大气释放阀在什么样的事故过程中和什么样的条件下在安全上尤显重要？

3. 对于二环路压水堆核电厂，二回路管线上的大气释放阀应有何特殊要求？

分析要点

本案例为核电厂工程安全设计案例，要求从核电厂设计的基本要求和事故分析（如单一故障准则、蒸汽发生器传热管破裂事故和主给水管道破裂事故等设计基准事故分析）入手，分别回答各个问题。

参考答案

1. 在正常和瞬变运行期间，蒸汽管线上的大气释放阀起到卸压及避免蒸汽发生器安全阀频繁开启的作用。在失去正常热阱（主冷凝器）的情况下，则可以通过大气释放阀将蒸汽直接排向大气，执行余热排出的功能。这时，可通过调整其整定值，实现主冷却系统降温降压，直到余热导出系统投入，最终将电厂带入安全停堆状态——冷停堆状态，即在余热导出系统投入后，在自然循环条件下（厂外电源丧失），大气释放阀保证主回路系统循环，保证一回路系统的降温降压。

2. 在蒸汽发生器传热管破裂事故（SGTR）过程中，为了防止蒸汽发生器满溢，要求尽快使一回路降温降压。在主给水管道破裂事故（MFLB）过程中，由于蒸汽发生器二次侧冷却剂以液态形式流失很多，该事故成为应急给水箱容积设计的极限性事故，要求在辅助给水有限的投运时间内能完成一回路的降温降压。在这两个事故过程中，蒸汽管线上的大气释放阀尤为重要。

3．对于二环路压水堆核电厂，一旦发生 SGTR 或 MFLB，破损环路的二回路冷却功能不可用，只能依靠完好环路的蒸汽发生器导出余热。如果每条蒸汽管线上只设置一个大气释放阀，则不能满足单一故障准则的要求。因此，对二环路压水堆核电厂要求在每一条蒸汽管线上均设置两个大气释放阀。

案例 5 某游泳池反应堆的超功率保护停堆事件

背景材料

某日某游泳池反应堆 B5 孔道出硅时，出现“1 号调节系统超速保护”“2 号调节系统超速保护”警告信号，发生“功率保护＞120%”事故信号，反应堆紧急停堆。

事件发生后，对一次水、烟囱气体进行检查，未发现有放射性异常升高现象。

经调查分析，整个事件发展过程如下：

1. 事件发生时，反应堆在满功率下运行约 4 小时，还没有达到平衡中毒，1 号自动棒棒位比较高，处于 290～300 mm（自动棒工作范围是 200～300 mm，一般要求在 250 mm 左右）。

2. 辐照组操作人员事先未通知运行人员进行出硅操作，引入一个较大的负反应性。因 1 号自动棒棒位偏高，效率偏低，导致 1 号调节系统超速保护，调节系统失效。

3. 控制室操纵员发现 1 号自动棒快速提升，棒位较高，立即手动提升补偿棒，试图将 1 号自动棒调回正常工作位置。实际上，此时 1 号调节系统已经失效，提升补偿棒，引入正反应性，导致反应堆功率上升。

4. 当操纵员发现提升补偿棒不能将 1 号自动棒调回正常工作位置时，反应堆功率已经上升到接近 120%额定功率，操纵员立即按手动停堆按钮，此时发生“功率保护＞120%”事故信号，反应堆停堆。

问题

试分析在此事件中应吸取什么经验教训。

分析要点

本案例是反应堆运行事件，主要应从核动力厂和其他反应堆运行的基本要求（如反应性及其控制、停堆保护信号的设置等）、安全管理（如运行规程、运行人员的资格与培训等）以及反应堆辐照装置安全联锁的基本要求等方面进行分析。

参考答案

应吸取的教训：

（1）当堆内有反应性变化较大的操作时，应事先通知运行人员做好相应的准备。

（2）当反应堆倍增周期较小或反应堆不处于自动控制状态时，不能提出或放入辐照样品，并应与吊车小钩设置联锁保护。

（3）手动提升补偿棒时，操纵员应密切注意自动棒的情况及功率变化情况。

（4）应加强运行人员的培训，提高运行人员处理异常事件的能力。

案例 6 Browns Ferry 火灾事件

背景材料

1975 年 3 月 22 日 12 时 15 分，美国 Browns Ferry 1 号、2 号机组均运行在 1 100 MW 水平，一位助理工程师在电缆敷设间用明火检验反应堆厂房贯穿件的密封情况，他点了一支照明蜡烛，查看贯穿件上的一个小孔，火焰点燃了他临时采用的垫塞材料（不耐火）。他用手去扑、用布闷都未成功，用 CO_2 灭火器和干粉灭火器也未成功。火势由气流扩散，进入反应堆厂房。

电缆敷设间的火势用 CO_2 灭火器和干粉灭火器于下午 4 时 20 分基本扑灭。

在 1 号反应堆厂房用 CO_2 灭火器和干粉灭火器灭火时，工作人员感到呼吸困难，被迫离开。

消防人员到达后，下午 2 时第一次建议用水灭火，但电站主管反对（怕引起电路短路），导致相当长一段时间没有明确灭火措施。火灾造成通风系统丧失、照明丧失及众多冗余安全系统失效。下午 6 时，消防主管又建议使用水灭火，电站主管仍不同意，约至下午 7 时，考虑到反应堆已获得冷却，电站主管才同意使用水灭火，值班工程师拿起软管向火苗喷水，控制了火势，下午 7 时 45 分宣布火灾熄灭。

反应堆是在 12 时 51 分手动停闭的，此操作停止了链式反应，需要导出余热，但火灾烧毁了冷却系统及控制电路的电源系统（其原因是安全设备与非安全设备的电路相互连接，没有隔离，并且用来隔离相互冗余的电缆导管并不能有效保护电缆）。在此状态下，高压安注系统及堆芯冷却系统失效，主蒸汽隔离阀自动关闭，余热产生的蒸汽不能进入冷凝器，丧失了此种余热排出方式，也使堆芯高压给水泵丧失驱动蒸汽而停运。

此时冷凝增压泵可用来向压力容器注水，但需要先使压力容器卸压。在控制室以压缩空气为动力，手动打开泄压阀，蒸汽从压力容器传输至泄压池，并且冷凝。容器内的压力在 20 分钟内自 7.4 MPa 降至 1.8 MPa，冷凝增压泵就可维持压力容器内足够的水位。

此时，尚有一个备用方案，2 号机组的两台余热排出泵通过交叉管连到 1 号机组，两台中的任一台可提供冷却补给水。

这样，工作到第二天凌晨 4 时 10 分，才达到冷停堆状态。

问题

试分析在此事件中应吸取什么经验教训。

分析要点

本案例是核电厂涉及核安全的火灾事件，应从核动力厂防火设计、核动力厂设计的基本安全要求（如构筑物、系统与部件的可靠性设计等）和核动力厂严重事故预防与缓解方面来进行分析。

参考答案

应吸取的教训：

（1）核电厂发生火灾，在条件允许的情况下，应该用水灭火。如果不用水灭火，听任火灾继续蔓延，损坏了安全系统，对安全影响更大。

（2）安全系统的实体隔离应该是充分的。如果发生火灾就会很轻易地造成相互冗余的系统失效，则不符合安全要求。

（3）一些非安全级的系统，在安全系统失效时发挥了作用，使核电厂避免了更严重的事故发生。在超设计基准事故的缓解上，考虑整个核电厂设施的作用（包括正规的与非正规的使用）是有益的。

样题演练

背景材料

反应堆保护系统是重要的安全级仪表控制系统。为了降低其拒动和误动概率，某核电厂压水堆采取了以下设计方案：

停堆断路器上游由 L1 和 L2 两路 260 V 交流电源同时供给，每一路可供 100%负荷。停堆断路器下游直接向驱动棒驱动机构供电。停堆断路器共有 8 个，分为 A、B、C、D 4 组（每组 2 个，例如 A 组包含 A1 和 A2），硬接线配置如下图所示。4 组停堆断路器分别受控于 4 个相同的反应堆保护机柜。保护机柜之间实体隔离，并分别由 4 路不同的 220 V 交流电源供电。

系统设计原理为：

（1）正常状态下，停堆断路器闭合，控制棒驱动机构带电，各组控制棒在磁力线圈的作用下保持在堆芯的一定位置。

（2）当某些运行参数达到“设定阈值”时，同时触发 4 个保护机柜发出命令，与机柜相对应的停堆断路器组（每组 2 个）自动断开，控制棒机构失电，控制棒依靠重力掉落引起自动停堆。

（3）当停堆断路器内部的“失电线圈”失电或“带电线圈”带电时，停堆断路器才会断开。“失电线圈”接收上述的自动停堆指令，“带电线圈”则接收操纵员手动停堆指令。

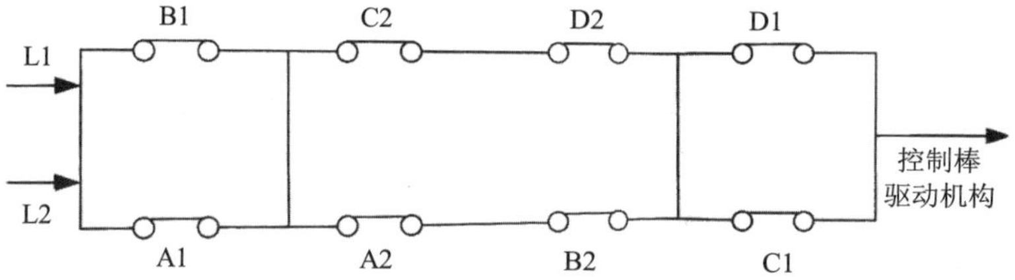

问题：

1．核电厂反应堆保护系统的两大功能是什么？

2．核电厂反应堆保护系统动作的“设定阈值”，是指哪一类型的运行限值和条件？

3．分析图中硬接线逻辑，4 组停堆断路器至少断开几组即可实现停堆？

4．什么是单一故障准则？以上设计是如何满足单一故障准则的？

5．以上设计是否满足故障安全准则，为什么？

答：

1．紧急停堆、启动专设安全设施。

2．安全系统整定值。

3．至少 2 组。

4．单一故障准则是指组成系统或设备的任何部件发生单一随机故障时仍能执行其正常功能。

（1）冗余性（或多重性）：停堆断路器上游配置 2 路电源、4 个保护机柜、8 个（4 组）停堆断路器；

（2）独立性：保护机柜实体隔离、保护机柜独立供电；

（3）多样性：停堆断路器具有“失电线圈失电”和“带电线圈带电”两种断开原理、自动和手动两种停堆方式。

5．满足故障安全准则，因为采用了失电重力落棒设计。

二、铀（钍）矿与伴生放射性矿案例

案例 1 铀矿通风不良导致辐照超标事件

背景材料

某年，某铀矿山矿井通风系统尚未建成，局部通风又不健全，所以矿井通风防护条件极其恶劣。特别在独头掘进作业时，由于干打眼，致使井下工作面空气中的粉尘、氡及氡子体浓度严重超标。氡浓度高达 200 kBq/m^3，氡子体 α 潜能浓度高达 800 μJ/m^3。造成矿工个人剂量严重超标，高达 1.4～3.0 Sv/a，个人累积剂量达 13 Sv/a，人人超过国家规定的个人剂量限值要求。

问题

1．氡超剂量的原因是什么？

2．控制氡超剂量发生的主要措施有哪些？

分析要点

本案例是铀矿放射性超标事件。该事件的发生应从氡和氡子体产生规律及与通风的关系进行分析，以及从管理方面分析超剂量原因和应采取的控制措施。

参考答案

1．在铀矿山建设初期，对矿井氡及氡子体的危害认识不足，特别是矿井通风工程和防护措施没有与主体工程实行“三同时”。在通风不健全的情况下投入生产，造成矿井氡及氡子体大量聚集，加之个人防护措施不到位，致使铀矿工受氡及氡子体照射剂量严重超标。

2．主要措施有：

（1）建立完整的矿井通风系统，使矿井具有足够的排氡及氡子体的风量、风压和注入新鲜空气的能力。

（2）密闭废旧巷道和采空区，防止氡的释放和扩散。

（3）及时排出坑道废水。

（4）尽量采用氡析出量小的采矿方法。

案例 2 硝酸铀酰复合烧伤所致体内铀污染超剂量事件

背景材料

某年，某厂硝酸铀酰溶解工段，一名新工人在将铀元件废料由投料口向硝酸溶解槽下料时（硝酸浓度为 2 个当量），由于操作失控，致使大量铀元件废料落入硝酸溶解槽，因为下料过猛，反应过快，造成硝酸铀酰溶液和氧化铀混合液突然喷出，致使在旁边值班的某工人被高温硝酸铀酰溶液和氧化铀混合液烧伤。烧伤面积达 71%，致使大量铀氧化合物经过伤口进入体内，造成该工人急性铀中毒和严重剂量超标。体内初始铀负荷量达 93～186 mg（1.5～3.0 mg/kg 体重），受伤后 24 小时内尿铀排出量在 24 mg/L 以上，造成严重肾功能衰竭。

据估算，该工人去污前烧伤表面铀的污染量约为 340 mg，如以伤口创面的吸收率为 30%计算，该工人的初始负荷量约为 100 mg。某研究院推算该工人体内初始负荷量为 186 mg。该值相当于国际放射防护委员会（ICRP）建议值的 12～25 倍。

由体内初始负荷量计算的全身剂量为 3.6～7.1 mSv，肾的剂量为 8.1～16.2 mSv。这是一起严重的体内铀污染事件。

问题

1．分析事故原因。

2．避免事故发生的主要措施是什么？

分析要点

本案例是一起体内铀污染事件。应从放射性物料及化学反应操作规程、制度和事故防范预案等方面分析事故原因和防范措施。

参考答案

1．由于对新工人的安全生产培训不到位，致使该工人缺乏基本放射化学知识，操作技术不熟练，进而导致操作失误。特别是严重违反了均匀、缓慢地向硝酸溶解槽下料的操作规程，造成化学反应过快、过猛，发生硝酸铀酰溶液和氧化铀混合液突然喷出，伤及他人，造成工人被高温硝酸铀酰溶液和氧化铀混合液烧伤面积达 71%的严重事件。由于事先没有相应的防范和处理硝酸烧伤应急预案和方法，因此在发生事故时措手不及，造成事态扩大。

2．应采取的主要措施为：

（1）加强安全生产知识学习和培训，提高工人安全生产技能，保证安全生产。

（2）严格遵守各项安全生产操作规章制度，防止误操作发生。

（3）加强安全生产设施保障，增设必要的安全措施，即使在误操作时，也不会发生过量的投料问题。

（4）编制事故应急预案，提升紧急处理事故的能力，尽可能将事故危害和损失降到最低限度。

样题演练

背景材料

某铀矿井下的开拓、提升、运输、通风和排水等系统均已建成，经验收合格后投入生产运行。生产初期，各项通风指标已测定合格，氡及氡子体浓度、其他有害物质浓度均符合安全要求。

此后，相关领导放松管理，在很长时间内没有对矿井进行通风测量、氡及氡子体浓度监测。经过三年多的生产，井下的生产和通风条件发生了很大变化，特别是个别巷道发生冒落，风流被阻断，造成井下空气中氡及氡子体浓度严重超标，致使铀矿工受照剂量超标5倍以上。

问题：

1．分析发生超剂量事故的直接原因。

2．说明在管理上和技术上存在的问题。

3．为防止发生超剂量事故，应采取哪些措施？

答：

1．直接原因：氡及氡子体具有放射性，氡及氡子体浓度严重超标。

2．存在的问题：

（1）领导对安全防护工作重视不够，管理松懈，不到位。

（2）没有及时疏通冒落巷道，通风系统遭到破坏，致使矿井氢不能排出。

（3）没有针对矿山生产情况的变化，及时调整通风系统，造成风流紊乱。

（4）长时间未开展矿井通风和氡及氡子体浓度监测，不了解矿井防护状况。

3．措施：

（1）加强矿山生产管理和通风防护管理，及时疏通冒落巷道和被阻风流。

（2）加强矿井通风状况测量，开展矿井氡及氡子体浓度监测。

（3）根据生产变化，及时调整通风系统和通风量。

（4）加强矿山辐射安全防护法规学习，提高安全认识。

三、核燃料加工、处理与放射性物质运输案例

案例 1 核燃料元件厂六氟化铀泄漏事件

背景材料

某年，某核燃料元件厂某一车间水解生产工序在六氟化铀料瓶安装完毕后，开始边升温、边试压，检查系统的密封情况。密封检查完毕后，开始正常升温，由于水解槽温度自动控制仪表的控制部分失灵，在一段时间后，仪表指示温度已达 92℃（在水解槽温度自动控制仪表正常的情况下，当温度升至 70～75℃时，应该自动切断加热电源），于是采取快速降温措施。但在降温过程中，1 号阀门被冲破，大量六氟化铀气体外泄，厂房内很快充满六氟化铀气体，操作人员被迫撤离厂房。15 分钟左右后，厂房内白色烟雾消失。30 分钟左右后，水解槽温度降至 18℃。但 2 小时 40 分钟左右后，仍有少量六氟化铀气体外泄。2 小时 50 分钟左右时，决定更换 1 号阀门，当移去 1 号阀门时，料瓶内的气体大量泄出，仅 1 分钟左右，厂房内便浓雾弥漫，伸手不见五指，操作人员被迫再次撤出。为了尽快阻止物料外泄，事件处理人员佩戴氧气呼吸器轮流进入厂房，又经过十几分钟，1 号阀门才被安装上，厂房内烟雾基本排尽。

据估计，事件导致了约 240 kg 的六氟化铀外泄，总放射性活度 2.5×10^9 Bq，污染面积 375 m^2。

问题

1．从仪表失灵分析评价生产准备的有效性。
2．从第一次物料泄漏后的处理过程分析评价事故处理中存在的问题。
3．从第二次物料泄漏分析评价事故处理中存在的问题。
4．应吸取的经验教训。

分析要点

本案例是六氟化铀泄漏事件。在分析此类问题时，应从生产准备过程、物料泄漏后的

处理过程和应急措施来考虑，并从管理方面和人员培训与资格方面总结经验教训。

参考答案

1．正式生产前已进行了试验和检查，但还未投入正式生产就发生自动控制仪表失灵，说明生产准备工作做得不彻底，有效性不够，没有对系统的关键部位仪表的有效性进行验证。

2．事故发生后应采取紧急措施，减少物料的外泄。而事故发生 2 小时 40 分钟后仍有少量六氟化铀气体外泄，说明没有采取必要的隔离措施，没有积极地堵漏或采取其他减少物料外漏的措施，仅是降温后任其自然消失，事故处理措施不得力。

3．更换 1 号阀门是必要的步骤，但在更换前应采取措施使阀门与物料隔离。显然工作人员没有对料瓶中的物料状态进行正确的评估。大量物料再次泄出后，工作人员没有足够的防护准备，未能及时处理可能再次发生的事件，这反映出对事故的处理没有充分的准备，可以推测该厂没有事故应急预案或没有很好地执行事故应急预案。

4．应吸取的经验教训：

从管理角度分析：

（1）管理措施不到位，仪表设备的检验、维修制度不健全。

（2）缺乏处理事件的预案或没有严格执行该预案，导致事件的初次处理不当，使事件进一步扩大。

从人员技能角度分析：

（1）工作人员责任心不强，未及时发现超温。

（2）工作人员培训不足，缺乏处理事件的知识和经验。

案例 2 核燃料厂工作人员过量吸入 PuO_2 事件

背景材料

某年，某核燃料厂后处理主工艺厂房，^{239}Pu 线工作箱焙烧炉在长期运行过程中破裂，工作人员决定用石英砂和环氧树脂修补。在拆开焙烧炉后发现石英反应器炉衬严重破损，PuO_2 粉末撒落在裂缝里，无法修补，便临时决定更换石英反应器。对旧炉衬内的 PuO_2 进行回收后，将旧炉衬打掉，换上了新的炉衬，而在此过程中大量的 PuO_2 粉末逸出，局部空气中 α 气溶胶浓度高达 3.7×10^4～$7.4\times10^4 Bq/m^3$，由于现场工作人员仅戴着胶布密封边缘的两层口罩，穿着一般棉质工作服，没有采纳安防人员多次提出的穿戴气衣建议，致使现场的 12 名工作人员吸入过量的 PuO_2 粉末。

剂量估算是根据尿钚测定进行的，估算该次事件所致的集体剂量当量为 13 人 • Sv，估算没有考虑操作前工作人员注射或吸入了促排药物的影响，因而估算值是偏保守的。

问题

1．“焙烧炉在长期运行过程中破裂”“临时决定更换石英反应器”反映了什么问题？

2．工作人员的操作过程反映出什么问题？

分析要点

本案例是过量吸入 PuO_2 事件。在分析此类问题时，应从设备的安全检修规程、操作程序、防护措施以及人员安全意识等方面进行考虑。

参考答案

1．焙烧炉在长期运行中炉衬严重破损而没有被及早发现并采取措施，说明该厂缺乏设备的安全检修规程或没有按规程进行适时检修。当发现问题后临时决定更换反应器，没有制定相应的操作程序，说明该厂设备管理混乱，随意性强。

2．当发现许多 PuO_2 粉末后，工作人员没有采取妥善的清除措施，也没有采纳安防人员穿戴气衣的建议，未佩戴个人空气采样器，说明工作人员对 PuO_2 的毒性认识不足，安全意识差。同时，安防人员没有采取进一步的措施，反映了该厂管理不力。

案例 3 核燃料元件厂放射性物质大量释放事件

背景材料

某年，某核燃料元件厂流化床脱硝专题试验现场，正在准备用二氧化铀加硝酸配制硝酸铀酰溶液。当班班长在配料时未做充分准备并违反规程，短时间内加硝酸 200 L。由于加酸过快，引起剧烈反应，产生大量气体并夹带料液从距地面 12 m 高的房顶排气管喷出。操作人员立即用水冷却反应槽，使喷料停止。过了一段时间交接班后，接班班长对上一班反应槽的工作状况不了解，见反应槽温度只有 74℃，决定开气流搅拌反应槽，致使物料翻上，再次发生剧烈反应，又一次造成从房顶排气管喷料。两次跑料共损失二氧化铀 192 kg，房顶、砖墙和室外地面严重污染（约 50 m^2），总放射性活度 4.8×10^9 Bq，α 表面污染最大值为 1.43 Bq/cm^2，β 表面污染最大值为 21.7 Bq/cm^2。

问题

1. 从连续两次排气管喷出料液事件对操作规程的实施进行评价。
2. 从管理方面应吸取哪些经验教训？

分析要点

本案例属于核燃料加工过程中放射性物质大量释放的事件。事故原因应从遵守操作规程等角度进行分析，并总结在管理方面的经验教训。

参考答案

1. 硝酸溶解二氧化铀是放热反应，必须严格遵守操作规程。当班班长加硝酸过快，明显违反操作规程，说明操作程序没有得到有效执行。在交接班时，上一班的不正常运行情况应及时传达到下一班，并应有详细的运行记录。接班班长在没有详细了解上一班的运行情况下，盲目搅拌反应槽，致使事件再次发生。

2. 此次事件从管理角度看主要是规章制度不健全，没有认真执行换班程序，没有严格执行岗位操作规程，另外对发生的事故处理不力。从人员自身角度看，主要是工作人员责任心不强，缺乏培训，安全意识较差，导致事件发生。

案例4 核燃料加工厂临界事故

背景材料

1999年，日本茨城县那珂郡东海村铀加工设施JCO东海事业所转换试验楼内发生一起重大核泄漏事故。转换试验楼建筑面积为260 m^2，设置了相关的铀加工设施，将浓缩度小于20%的六氟化铀、核废料以及重铀酸盐沉淀物等铀原料进行转换或回收、精制，从而制造氧化铀粉末或硝酸铀酰溶液。

上午10时35分左右，在制造硝酸铀酰过程中，作业人员违反操作规程，为了缩短作业时间，使用不锈钢水桶进行操作，代替了操作规程中“5”和“6”两个正规的操作工序；为了进行均匀混合和精制，又违反操作规程，将不锈钢水桶中浓缩度为18.8%的超过铀临界量的硝酸铀酰溶液加入沉淀槽中。根据推算，铀的临界量为2.4 kg，而加入沉淀槽中的硝酸铀酰溶液的铀含量竟达到16 kg。正是由于加入超过铀临界量的硝酸铀酰溶液，使沉淀槽中的物料很快进入临界状态，立即发生了自持链式反应。这时发现物料发出蓝光，辐射监测报警铃立即鸣响，因此判明发生了临界事故。随后，几名当班的工人又手忙脚乱地开错了装置，结果使大量的放射性气体逸入居住有33 000人的东海村上空。

上午10时43分，东海村消防队接到报警，报警内容是：有急病人，请派救护车。报警时没有说明发生了核辐射事件，因而，急救队员不知实情，部分急救队员没有穿防护服就进入事故现场而受到了照射。JCO东海事业所没有监测中子射线的专门仪器，对中子射线的测定是在事件发生后6小时以后才实施的。由于对中子射线缺乏有效的防护手段，给救援活动带来很大困难，使参加救援的一些急救队不得不在现场外待命。

这次事故中，受到辐射危害的共69人，其中包括JCO东海事业所员工59人（重伤3人，大约2个半月后死亡1人，7个月后又死亡1人）、东海村消防队急救队员3人、附近建筑公司员工7人。事故发生后，JCO东海事业所周围空气中的辐射剂量是平常值的7～10倍。另外，根据不完全统计，事故当天，向避难场所疏散的120人也受到了照射。

问题

1．试分析该案例的等级。
2．请分析该案例发生的主要原因。
3．试总结该案例的经验教训。

分析要点

这是一起发生在核燃料加工过程中的临界事件，分析时应考虑临界安全、操作规程、辐射防护、安全文化等方面问题及其原因。

参考答案

1．该事故按照日本科技厅分析，初步定为 4 级事故，一个或多个工作人员受到很可能引发早期死亡的过量照射。

2．主要原因：这是一起由人为操作错误造成的临界事故，核燃料加工厂工人的错误操作是造成这次核事故的主要原因，在安全文化素养方面也存在缺陷。工人在操作中违反了操作规则，将铀与硝酸进行混合。操作工人将 16 kg 的铀投入特制的反应罐中，比规定的临界安全界限整整多出 13.6 kg。几名工人忙中出错，又开错装置，结果使大量的放射性气体逸入居住有 33 000 人的东海村上空。之后，由于报警内容存在差错，又使部分消防队急救队员受到照射。

3．经验教训：

（1）铀加工设施的工作人员必须严格遵守操作规程，应该对其加强安全文化教育。为了防止发生临界事故，必须严格实施“临界管理”，避免铀的聚集量超过临界量。JCO 东海事业所的沉淀槽采取的临界管理方式是质量控制方式，这起临界事故就是因为作业人员没有严格遵守正规的操作规程，向沉淀槽中投入的铀溶液超过了铀的临界量而发生的。由这起事故可以看出，即使有了完善的设计，还必须加强安全管理，才能保证不发生事故。另外，JCO 东海事业所对员工没有进行有关临界事故的必要的安全教育。

（2）应加强对中子射线的监测。发生临界事故时会发出中子射线，中子射线能够穿透一般的混凝土墙壁。从这次事故中可以看出，JCO 东海事业所事前没有考虑对中子射线的监测。另外，由于对中子射线缺乏有效的防护手段，给救援工作带来很大困难，使参加救援的急救队不得不在现场外待命。

（3）应急救援工作要做好辐射防护准备。在应急抢救过程中，由于急救队员不知实情，部分急救队员进入事故现场而受到了照射。事故报警单位和接警的消防、应急等单位都应该吸取这方面的教训，积极准备应急预案，有效地实施灭火救援等活动，减少辐射对现场人员和救援人员的伤害。

案例 5 核化工厂检修 S-404 计量泵发生的喷料事件

背景材料

某年，某核化工厂组织两批人员检修钚线设备，一批人员检修 S-450 煅烧炉，另一批人员检修 S-404 计量泵。在检修人员将 S-404 计量泵拔出放在设备室地面后，工艺配合人员离开设备室去控制间，此时控制间的操作人员正在操作 S-405 罐的转料，转料前未将 S-404 计量泵的电动阀关好，结果，S-405 罐中的 1BP 料液（铀钚分离后，经反萃取后的硝酸钚料液）从 S-404 计量泵开孔处喷出，喷射高度达 10 多 m，总量约 10 L，钚金属量约 4 g。

事件使设备室地面和吊车操作台被严重污染，γ 照射量率为 1.30×10^{9} C/（kg·s），α 表面污染水平超过所用仪表量程（1.67×10^{3} Bq/cm^{2}），检修人员撤离现场。工艺配合人员在未作准备的情况下，进入现场去污。

事件后估计泄漏的放射性总活度为 1×10^{10} Bq，9 人受到照射，集体剂量当量为 3.22 人·Sv，最大个人剂量为 2 Sv。

问题

1．从料液喷出事件评价该厂检修工作中存在的问题。

2．评价去污环节反映出的问题。

3．在管理方面应吸取哪些经验教训？

分析要点

本案例属于后处理厂设备检修中发生的硝酸钚泄漏事件。应从该厂的设备检修过程、去污环节和管理方面来分析。

参考答案

1．生产线检修和局部运行应统一协调，并在控制间作出鲜明标识，S-405 罐的转料应做好工艺上的隔离工作。事件的发生反映出该厂的检修规程不严密或执行不力，没有做好各工艺段的协调工作。

2．工作人员进入现场去污要做好个人防护准备，同时要有防护人员现场监测。本事件中工艺配合人员在未作任何准备的情况下就进入现场去污，违反操作规程。

3．此次事件在管理方面应吸取的教训：

（1）管理不到位。运行和检修工作缺乏统一的协调和安排。

（2）安全措施不完善，防护措施不到位。从人员角度看主要是安全意识不足。事件发生后，在未作准备的情况下就开始去污工作，扩大了受照范围。

案例 6　废旧过滤器运输放射性物质泄漏污染事件

背景材料

某乏燃料后处理厂每年都要定期更换 1AF 料液过滤器。由于此设备中沉积的混合裂变产物料液比活度一般为 1×10^{8} Bq/cm^{3} 量级，故采用专用检修容器，用专车拉到指定的 728 废物库，卸到专用井内贮存。20 世纪 70 年代，在更换 S-004/2 过滤器后，开始更换 S-004/1 过滤器，更换时采用专用检修容器，底部铺一层塑料布和一层棉被，棉被上撒有碳酸钠。过滤器连同专用检修容器起吊后，由于吊车震动，漏下许多废液，因容器尚未离开过滤器坑，漏下的废液流入坑内。十几秒后，滴漏停止，因而工作人员误认为废液已漏完，于是将专用检修容器的底盖合上（底盖不密封），装上废物车后运往某废物库。而实际上由于废旧过滤器泥沙堵塞严重，导致吹洗无法彻底清干料液，故仍残存有许多料液。汽车离废物库约 200 m 处时，发现废液从容器底部缝隙漏出，离废物库约 10 m 处时，废液从车厢内流出，洒落到地面上，汽车被迫停放在废物库附近，迅速开动吊车，将报废的过滤器放入废物坑。

事件导致汽车、专用检修容器和路面严重污染，负责投放过滤器的两名工作人员个人剂量笔指示满量程。事件后根据个人佩戴胶片剂量计数据，一人剂量为 3.1×10^{-4} C/kg，另一人为 2.0×10^{-4} C/kg。事件发生后进行了两次去污，所受集体剂量当量为 0.1 人 · Sv，最大者为 12.2 mSv。由照射量估算各污染区的放射性活度，其总 γ 放射性活度约 4.1×10^{12} Bq。

问题

1．在运输设备和人员操作方面存在哪些问题？

2．在管理方面应吸取哪些经验教训？

分析要点

本案例属于放射性物质运输中的泄漏污染事件。应从设备、人员和管理方面分析评价本案例中过滤器检修中所存在的问题。

参考答案

1．从运输设备角度看，在 1AF 料液过滤器运输过程中应充分考虑专用检修容器的密封问题。本案例中使用底盖不密封的专用检修容器，从硬件上没有起到防止事件发生或降低事件影响的作用，因而所用设备不符合放射性物质运输操作要求。从人员角度看，在吊装时漏下许多废液，但工作人员错误地认为废液已经漏完，以致造成污染，反映出工作人员安全意识不够强。

2．此次事件从管理角度应吸取的经验教训：

（1）制度不健全。过滤器检修和更换无正式的规章制度，而是靠一套自然形成的作业习惯。

（2）缺乏事件处理的预案。

案例 7　放射性物质运输铀泄漏事件

背景材料

某年，某铀矿冶系统在某地装载矿石和某放射性产品（简称 131）。由于铁路路基被暴雨洪水冲刷，枕轨悬空，列车驶过时枕轨下塌，致使 9 节货车车厢被颠覆，约 480 t 矿石和 26 t 131 产品翻倒在水沟中。有部分 131 产品从货包中泄出溶解在水中，300 t 矿石就地填埋于道床路基，交通中断了 5 天。沟水中铀含量为 5.4 mg/L。事故善后处理约半年时间，直接经济损失 40 多万元（当年估算）。

问题

1．请分析该事件发生的主要原因。

2．请说明该事件的经验教训。

分析要点

这是一起放射性物质铁路运输事件，事件造成了地表污染。事件原因应从放射性物质运输的安全审查、保障措施、安全文化、辐射防护等方面分析。

参考答案

1．该事件的发生原因是多方面的，主要原因是铁路路基被损坏、运输设备不完善和货包设计缺陷，以及安全意识薄弱。

2．应吸取的经验教训有：

（1）由于当时有关的法规和技术导则不健全，放射性物质运输无法可依。今后应加强并严格执行有关的放射性物质运输法规标准。

（2）各种形式的放射性物质，在经由公路、铁路、水上和空中各种运输方式进行国内和国家间运输时，要完善和严格执行安全审查制度，使得每一项应该审查的项目都不被遗漏，确保放射性物质安全运输。

（3）在安全运输保障措施方面，一定要在货包设计、货包装卸上有严格的要求。运输容器的可靠性是安全运输的重要前提和保证，必须加强运输容器的设计、制造、试验的申请、审查等管理程序。

（4）要加强对运输人员的教育和培训，使他们具有辐射防护、运输安全和一般安全的基本知识，增强其安全文化素养。

（5）要制订完善的质量保证大纲，要有健全的质量保证组织机构，要制订一套有关运输的规章制度和应急计划。

样题演练

背景材料

2014 年 11 月 21 日 8:30—11:30，国外某铀浓缩厂加热箱及其附近区域空气中铀含量出现异常，但 6 名操作人员并未对受影响的泵和阀进行处理。α 在线监控器（iCAM）11:10 报警，很快其他两个报警器也报警。随后工作人员全部撤离，由于多个报警器声音相互干扰，多名操作人员未能听清 iCAM 报警。报警后，事故应急人员佩戴呼吸器进入现场收回空气过滤器，得到的空气样由公司辐射防护顾问（RPA）进行评估，通过多次取样和复核，分析表明未发生泄漏。RPA 和倒班人员认为是场所内氡/钍射气放射性造成的报警器报警，随后测得样品 α 活度浓度＜3 kBq/m^3，更加确定氡/钍射气放射性引起报警的结论，认为此区域未发生泄漏。随后于 11 月 21 日 17:30 恢复运行。后来第 4 个 iCAM 报警，氡/钍射气放射性造成报警的结论仍未被推翻，操作人员还是继续进行过滤器更换和称重，没有撤离和佩戴辐射防护用具（RPE）。同时发现通风系统在 11 月 18 日就关闭了，这进一步解释了氡/钍射气超高的结论。11 月 24 日，由于泄漏，一台运行中的泵停用，此时事件才被定性为泄漏，检查发现，这次泄漏是由于连接两个阀门的弹性金属软管老化破裂所造成，泄漏了 70 g 铀气体物料。

问题：

1．分析此次泄漏事故发生的主要原因。

2．说明事故的后果。

3．说明从该事故中应吸取的经验教训。

答：

1．主要原因：

（1）长期振动造成金属软管老化破裂；

（2）操作和应急人员缺少质疑的态度；

（3）事故经验总结不足，缺少相应的操作规程；

（4）对紧急情况下的安排理解不足，多次报警中采取了不正确的行动；

（5）弹性金属软管和通风系统多重失效；

（6）人因失效，对事故原因判断失误。

2．事故的后果：

（1）操作人员受到不必要的辐射照射；

（2）泄漏了 70g 铀气体物料。

3．经验教训：

（1）金属软管振动老化始终是一个薄弱环节，应有适当频度的检查规定；

（2）操作人员和应急人员安全文化意识不强，应加强安全文化培育；

（3）需制定运行和维护操作规程，以及事故分析和处置预案，加强经验反馈；

（4）做好应急准备与响应的安排，加强应急人员培训和演练，准确理解应急响应行动，采取正确的行动，改进应急警报系统；

（5）避免多重失效，在运行和维护操作规程中作出适当规定；

（6）加强安全分析，考虑更为广泛的初因事件；

（7）加强辐射防护知识的培训，掌握不同运行工况的辐射水平。

四、核技术应用案例

案例 1 ^{137}Cs 源跌落破损污染事件

背景材料

某年，某研究院的剂量仪表刻度人员在办公楼的地下室进行 ^{60}Co 源和 ^{137}Cs 源的活度对比试验（此时剂量仪表刻度室尚未建成）。在做完 ^{60}Co 源的试验后，开始用 ^{137}Cs 源进行试验。由于对 ^{137}Cs 源的物理状态不清楚，更没有进行冷试验，所以试验条件准备是不充分的。在调整 ^{137}Cs 源到刻度仪器的距离时，因为 ^{137}Cs 源的几何尺寸与支架上放源孔的尺寸大小不吻合，支架晃动，导致 ^{137}Cs 源从支架上跌落，其玻璃密封瓶被打破。^{137}Cs 源的泄漏造成了地面、试验工具和工作人员的鞋子污染，工作人员的走动又扩大了污染范围。

事件发生后，当即封闭了地下室大门，并采取了酸洗、剥离水泥地面和敷设铅屏蔽层等去污和防护措施。经查对源说明书，^{137}Cs 源是玻璃瓶封装的 $CsNO_2$ 液体源，出厂时的源活度为 1.85×10^8 Bq，试验时源活度约为 1.76×10^8 Bq，约有 1.48×10^8 Bq 的 $CsNO_2$ 液体溅落在地面、试验工具和工作人员的鞋子上。

问题

1．从事剂量仪表刻度工作应具备哪些必要条件？
2．当发生液体放射源泄漏事故时，应该采取哪些措施？

分析要点

本案例主要考核从事剂量仪表刻度工作必须具备的条件及在进行刻度时为防止发生辐射事故应该采取的措施；当发生液体放射源泄漏事故时，如何进行正确的处理，以减小事故产生的影响。

参考答案

1．应具备的条件：
（1）有专用的剂量仪表刻度室；
（2）有安全操作规程；

（3）工作人员应熟悉刻度源的性能指标和物理状态；

（4）进行必要的冷试验；

（5）制定事故应急预案。

2．当发生液体放射源泄漏事故时，应该启动事故应急预案，迅速报有关辐射防护主管部门，确定污染范围和污染程度，禁止无关人员进入污染区，进行污染处理时产生的放射性废物按规定进行处置。

案例 2 ^{226}Ra 源破裂后造成的大面积 α 污染事件

背景材料

某年，某研究院工作人员在既没有通知安防部门，也没有采取任何防护措施的情况下，徒手将长期私自存放在其 330 办公室的若干个放射源包装打开，将其中 3 个 ^{226}Ra 源转移到铅罐内。3 日后，在安防部门进行普查时，发现当事人办公室的地面、室内用品和用具、门口走廊地面及当事人和其他在场人员均有不同程度的 α 放射性污染。同时由于人员走动，污染已扩散到了其他房间。

事件发生后，研究院封闭了 330 办公室及其走廊以防止污染扩大，将源密封后转移到安全地点贮存以切断污染源，成立了事故处理小组负责污染测量、去污等事宜。事件发生后的测量表明，在 330 办公室门窗打开、房间自然通风的条件下，放射性气溶胶的总 α 浓度为 2.1 Bq/m^3，总 β 浓度为 3.1 Bq/m^3；当事人手部 α 污染浓度最高达 1.7×10^2 Bq/cm^2；整个事件的放射性污染总量约 3.7×10^7 Bq，面积达 100 m^2。

问题

1. 如何安全贮存、保管和使用放射源？
2. 放射源转移时，应采取哪些防护措施？
3. 发生 α 放射性污染事件后，如何防止污染扩散？

分析要点

本案例主要考核如何加强放射源的安全管理，如何安全贮存、保管和使用放射源，确保放射源的安全；当需要进行放射源转移时，如何防止放射源撒落造成环境污染；当已经发生 α 放射性污染后，应该采取哪些防止污染扩散的措施。

参考答案

1. 安全贮存、保管和使用放射源应该做到：

（1）要有专用的放射源贮存库，并实行双人双锁制度；放射源由专人负责，统一管理。

（2）制定放射源贮存、保管和使用的规章制度，实行放射源使用、退还登记制度，不得私自存放放射源。

（3）建立放射源台账，定期清查，做到账物相符。

2. 放射源转移时，应做到：

（1）操作前，检查放射源包装的密封性能，确认包装的密封性良好后，才能进行转移。

（2）对不密封的放射源必须在密封室内（手套箱、通风柜或加热室等）进行放射源的转移，并在放射源转移完成后，对工作场所进行表面污染监测。

（3）采取必要的辐射防护措施，尽量缩短操作时间，减少人员的受照剂量。

3．α放射性污染事故发生后，应该做到：

（1）确定污染范围和污染程度，禁止人员进入污染区。

（2）将放射源进行密封处理后转移到安全地点贮存，以切断污染源。

（3）在专业人员和有关辐射防护主管部门指导下进行污染测量、去污和放射性废物处置。

（4）对能产生放射性气体的放射源（如 ^{226}Ra 源），应将污染房间封闭，防止污染扩散。

案例 3 ^{60}Co 放射源提升系统失灵引致的过量照射事件

背景材料

某核燃料厂反应堆安防科大源室有一枚 ^{60}Co 放射源，活度为 3.33×10^{12} Bq，平时贮存在地下铅室内，照射样品或刻度时，通过手动传动机构，将放射源提升至照射位置。

某年某日，安防科仪表组两名工作人员去大源室进行仪表刻度。工作过程中，由于提升源的导向管意外错位，将 ^{60}Co 放射源吊在大源室的半空中，既无法进行刻度，也无法将其放回铅室贮存。两名工作人员擅自对导向管进行纠正处理，历时 5 分钟，将 ^{60}Co 放射源放回原位。剂量计显示两人均受到超剂量照射。

问题

从该次人员过量照射事件中应该吸取哪些经验教训？

分析要点

本案例主要考核在利用手动机构的提源装置进行样品辐照和仪表刻度时，应该采取哪些预防措施，防止源的提升装置失效；同时，当源的提升装置失效、发生卡源事件时，应如何排除故障，避免人员受过量照射。

参考答案

应吸取的教训：

（1）对于辐照和仪器刻度的射线装置，在设计、加工、安装时要保证质量，特别要确保放射源升降自如，防止卡源。

（2）对辐照装置或刻度装置应经常进行检查和维修，使其始终处于良好的工作状态。

（3）对可能发生的突发事件，应制定相应的应急预案。一旦发生故障要及时上报，并根据应急预案妥善处理。

（4）进行故障排除时，操作人员应使用长柄工具，操作时远离放射源，尽量缩短操作时间，并携带剂量报警器，控制受照剂量。

样题演练

背景材料

某研究院的放射源贮存场所内，有些长期堆放的放射源罐表面积累了厚厚尘土，根据放射源台账，管理人员也经常变换。某日，一名未办理交接手续的新来的管理人员 A 看到源罐表面积满尘土，未看到在用源和废源的标识，便误以为是没有放射源的空罐，便让收废品人员 B 将源罐拉到废品回收站用水冲洗。在冲洗人员 C 冲洗过程中从罐中掉出柱状物质，便报告管理人员 A。经核实，由于在源罐倒装时，误将含 ^{192}Ir 的源罐当作无放射源的空罐。经查，掉出来的 ^{192}Ir 源，活度达 3.7×10^{11} Bq（10 Ci），为III类放射源。

该冲洗人员受到不均匀、局部剂量照射，经临床诊断为皮肤表面严重灼伤。

根据以上材料，回答以下问题：

1．根据相关规定，我国将辐射事故划分为（ ）个等级。

A．4　　B．5

C．6　　D．7

2．根据我国法规有关辐射事故等级划分的相关规定，案例中的事故属于（ ）辐射事故。

A．特别重大　　B．重大

C．较大　　D．一般

3．这次事故发生的主要原因有哪些？

4．采用点源计算，计算失控源 ^{192}Ir 在 2m 处的当量剂量率（给出计算过程）。[已知 ^{192}Ir 的空气比释动能率常数为 4.2×10^{-3} Gy · m²/（Ci · h）]

答：

1．A

2．C

3．事故原因：

（1）放射源贮存场所管理人员变换未进行合格交接手续（放射源台账）。

（2）放射源贮存场所未合理分区，未清晰标识在用源和废源。

（3）放射源长期存放在源罐中，未及时送贮。

（4）管理人员违反规定随意让收废品人员冲洗废源罐。

（5）该研究院辐射安全管理混乱，工作人员安全意识淡薄，安全文化缺失。

4．$H=10\times4.2\times10^{-3}/2^2=1.05\times10^{-2}$ Gy/h =10.5 mGy/h。

五、放射性废物管理与核设施退役案例

案例 1 铀金属车屑自燃事件

背景材料

某元件厂天然铀元件芯棒加工产生的车屑用铁皮桶盛装，放置于厂区前的废物场内。某年某日，值班警卫发现此处着火，但由于不知道此处存放有铀屑，未引起重视。稍后流动巡逻警卫发现火势加大，用电话报告厂消防队。因电话不通，25 分钟后消防队才出动，此时该处的 200 多桶车屑绝大部分已着火。当时正在刮 5 级西风，火势很大，难以扑灭，燃烧一直持续了约 6 小时。事件发生后，铀的氧化物大部分仍留在原场地。估计损失铀金属约 1 t，总放射性活度为 2.48×10^{10} Bq，污染面积 3 000 m^2。

问题

1．铀屑为什么会着火？
2．如何处理铀屑的着火事故？
3．应吸取的经验教训是什么？

分析要点

本案例主要考核铀屑的自燃着火特性，以及如何处理着火事故和加强管理。

参考答案

1．铀屑容易自燃，遇热或明火会发生激烈反应。铀屑在空气中能自燃，即使在氮气、二氧化碳、氟和碘的氛围中，也能激烈反应而燃烧。铀屑露天存放是不允许的，其原因：（1）铀屑极易氧化自燃；（2）铀屑与温度较高的水也能发生反应，置换出氢，氢有燃爆危险。铀屑最好转化成金属铀锭或稳定铀化物来保存。

2．铀屑着火不能用普通灭火方法灭火。使用普通灭火剂灭火，火势会更旺。干沙、氟化钙可控制火势。铀屑着火形成 UO_2（U_3O_8）气溶胶弥散在空气中，会被吸入人体。铀是 α 放射性核素，要防止内照射的伤害作用，灭火人员应穿辐射防护服，要戴呼吸保护器。事故处理后涉及人员要进行体检，检查尿、大便、呼出气体中的放射性，对呼吸系统做检查。对场地上散布的铀氧化物要及时妥善收集，对污染的土壤要进行清污处理与处置。

3．应吸取的教训：

该厂管理松懈，铀屑是易燃危险物，随意堆放在场地上，没有采取特殊措施和设置警示标志，厂内人员不了解，或没有去重视它；火灾报警系统不畅通，着火后电话报告厂消防队，25 分钟后消防队才闻讯出动，此时 200 多桶铀屑绝大部分已着火；缺乏应急响应准备，燃烧延续 6 小时，烧掉约 1 t 金属铀，造成大面积污染。

案例 2 铀屑桶被盗事件

背景材料

某年，某厂产生了大量的贫化铀屑，为防止铀屑燃烧造成环境污染，在距生产车间 15 km 以外的地方建了两个铀屑暂存库，定期将铀屑运走做回收处理。库房简陋，无人看管。某日，工作人员到库房清查铀屑数量，发现库门已经被砸开，铀屑被倒在库房地面上，有些被倒在门外草地上，造成库内严重污染，尤其西边库房污染最严重。由于湿空气的影响，倒在地上的铀屑大部分氧化成粉末。经过进一步调查发现 100 多只铀屑桶散失在县城和周围几个乡的老百姓家中。

为了往库房运入新的铀屑，对库房进行了清理，参加者共 8 人，8 人的口罩内层变黑，鼻孔内有黑色粉末。检测发现空气中铀浓度达 200 Bq/m^3，为标准容许空气浓度（DAC）的 290 倍。后来对库房进行了第二次清理，使用铁锹将部分铀屑装入料桶，当时库房内空气中铀浓度高达 380 Bq/m^3，为 DAC 的 560 倍。铀屑桶流入民间，造成的污染和危害还无法估计。

问题

1．铀屑存放库存在什么问题？

2．发现铀屑桶丢失怎么办？

3．铀屑贮存污染场址应怎样清理?

分析要点

本案例为铀屑桶被盗，很久后才发现。100 多只铀屑桶散失在县城和周围乡村。对库房二次清理时，发现铀污染浓度高出标准 290～560 倍。本案例主要考核对于铀屑这种易自燃的放射性物质，应该怎样贮存，发现丢失后应怎样处理和清污。

参考答案

1．铀屑是一种易燃危险物质，铀屑库必须按危险物仓库进行设计管理。但是，该厂所建的贮存库十分简陋，也没有通风装置。没有考虑任何实体保卫措施，既没有围墙或防护网，也没有警卫或设流动岗哨巡逻，造成库门被砸和桶被盗走，而且没有及时发现。

2．发现铀屑桶丢失应按有关法律规定向上级有关部门报告；查清丢失的桶中所装铀屑的数量和去向；对散失在外的铀屑应尽快进行收回处理；并采取补救措施妥善处理。

3．清污工作应先制订方案和建立操作程序，对工作人员进行一定培训，要使用合适的工具，在辐射防护人员的配合下进行清污，清污工作人员应实行内照射跟踪。

案例 3　高放废液浓缩液泄漏事件

背景材料

某核化工厂工艺人员操作高放废液浓缩液时发生高放废液从阀座中泄漏出来污染地面的事故。泄漏的原因是在前一天检修阀门时，螺栓未固紧，致使料液从松动的阀座孔中泄出。由于当时 γ 多道报警器监测停机，未及时发现料液泄漏。当打开 γ 多道报警器时三点同时报警，发现地面有 1AW 高放废液，立即通知工艺人员停工。停工后，由于罐内有余压，持续较长时间才停止泄漏。

估计泄漏高放废液 1.5～2.5 L，放射性总活度达 2.22×10^{12}～3.7×10^{12} Bq。共有 69 人参加清污处理，参加处理人员的集体剂量当量为 0.2 人·Sv，最大受照剂量为 15 mSv。

问题

1. 本次事件发生的主要原因是什么?
2. 设备检修应该怎样进行?
3. 本次事件的教训是什么?

分析要点

高放废液中含有核燃料循环中 99%的放射性核素，比活度高，含有较多长寿命裂变产物和锕系元素，毒性大（许多为极毒、高毒组核素），释热率大（>2 kW/m³），所以高放废液应该严格管理，严格按照质保大纲和程序进行，确保安全。本案例考核高放废液设备检修的安全问题。

参考答案

1. 事件主要原因是阀门检修后，螺栓未固紧，反映出检修工作管理松懈；泄漏时 γ 多道报警器监测处于不适当的停机状态，导致未能及时发现泄漏事件。

2. 检修工作是保证安全运行的基础，检修工作进行之前应该给出检修文件，辐射防护部门要审查检修文件，进行风险分析和制定防护措施。检修工作必须严格按程序进行。

阀门往往是放射性污染水平高、检修时受照剂量大的设备部件，所以更要重视阀门的安全和质量问题。案例中检修后，没有及时发现螺栓未固紧，致使高放废液泄漏，同时 γ 多道报警器还较长时间处于停机状态，致使泄漏高放废液 1.5～2.5 L 未被发现。

3. 本次事件泄漏 1.5～2.5 L 高放废液，放射性总活度为 2.22×10^{12}～3.7×10^{12} Bq，69 人参加事件处理，集体剂量 0.2 人·Sv，最大受照剂量 15 mSv，损失很大。主要教训是检修工作必须严格按程序和质保大纲进行。监测装置始终要处在运行状态。辐射防护人员要密切配合，要做好应急响应准备，要重视员工的安全文化素养和技术培训，培养严谨的工作作风等。

案例 4 弱放废水蒸残液贮存罐泄漏事件

背景材料

某核化工厂发现“三废”处理弱放废水蒸残液贮存大罐泄漏，放射性废水经工艺管沟（尚未施工完毕）的缺口流入室外的沼泽地，使基建施工场地大面积污染。泄漏的放射性废水的 β 放射性浓度为 5.7×10^6 Bq/L，β 放射性污染水平为 4～40 Bq/cm^2 的面积约为 150 m^2。估计泄漏放射性废水约 3 m^3，放射性总活度为 1.73×10^{10} Bq。

事件发生的原因是施工时忘记封闭呼排管，室外工艺管沟的渗水经过低处时通过呼排管进入弱放废水蒸残液贮存大罐，使罐内贮液体积从 150 m^3 上升到 650 m^3。这样，在送废液时，废液从未封闭的呼排管流入正在施工的工艺管沟并流向室外。

问题

1．事件发生的原因是什么？

2．从该事件中应吸取什么教训？

分析要点

泄漏污染事件的出现，给企业运行、工作人员和公众与环境安全都会带来损害，还会增加待最终处置的废物量，所以泄漏事件是应该杜绝或尽量避免的。造成泄漏的原因常常是多种多样的。本案例表明安全文化至关重要，不仅要本单位全体员工，而且要相关方共同努力，共同提高安全文化素养。

参考答案

1．该泄漏事件发生的直接原因是施工时忘记封闭弱放废水蒸残液贮存大罐的呼排管，造成外界渗水倒流进大罐使其充满贮液。在送废液时，废液从未封闭的呼排管又流入外界的工艺管沟，进而污染了环境。

2．该事件提醒我们要加强管理，明确职责，应做到：

（1）严格按照规程和程序运作；

（2）提高本单位和相关方员工的安全文化素养，增强工作责任心；

（3）重视技术培训，使员工熟悉设备状况，精心施工。

案例 5　1AW 二次废液泄漏事件

背景材料

核化工厂 γ 多道报警器的 Y-017 点报警，计数率读数为 560 s^{-1}，经现场测量，γ 照射量率为 $2.6\times10^{-6}\sim1.3\times10^{-5}$ C/（kg • s）。调查发现这是 1 AW 高放废液产生的二次废液串入了污水检测槽。废液注满检测槽后经逆流管流至流线取样漏斗。因漏斗出口较小，造成料液溢出，污染地面。事件发生的原因是电动阀门信号故障，给出错误指示，使工艺操作人员送料时误认为电动阀门已处于关闭位置，导致料液串入检测槽和漏斗中，约 1 m^3 料液泄漏，放射性活度为 5.99×10^{11} Bq。

问题

1．1AW 二次废液泄漏事件发生的原因是什么?

2．从这次事件中应吸取什么教训?

分析要点

本案例泄漏高放废液约 1 m^3，活度 5.99×10^{11} Bq，造成地面严重污染。本次事件暴露的问题表明，应加强管理，健全岗位责任制。

参考答案

1．送料时，电动阀门信号指示故障，工艺操作人员误认为电动阀门已处于关闭状态，导致料液串入检测槽和漏斗中，造成料液溢出，污染地面。

2．对高放废液系统必须建立严格、完善的管理程序，包括及时报警、及时发现系统故障、及时发现指示信号失灵，能正确判断所发现问题，并且有应对措施和应急响应准备。发现信号指示故障时，应立即追查原因。相关工作人员应已受过培训，获得上岗资格，并且不断提高安全文化素养。

案例 6 南乌拉尔乏燃料后处理设施高放废液贮罐爆炸事件

背景材料

苏联南乌拉尔核材料生产设施有 16 个体积 300 m^3 的高放废液贮罐。这些贮罐存放在一组混凝土拱形地下室内，每个罐的四周留有一定的空间，空间充满冷却水，按一定周期换水。

由于一根输送放射性液体的管子破损导致液体泄漏，该罐周围的冷却水被污染。核材料厂将冷却水抽走，但没有换上新的冷却水。这时，罐中含有 70～80 t 约 20×10^6 Ci（1 Ci=3.7×10^{10} Bq）的放射性废液。废液衰变产生的热交换不出去，水温上升并大量蒸发，形成了硝酸钠和醋酸盐等易爆性残渣。这些残渣的温度一路上升到 350℃，终于引发爆炸。爆炸力相当于 70～100 t TNT 炸药的爆炸威力。爆炸使相邻的两个贮罐被破坏，放射性物质大量散布在贮罐附近，估计有 2×10^6 Ci 的放射性物质被喷射到 1 000 m 高的大气层，放射性烟羽扩展到 105 km 远。

事件发生后的 7～10 天，约 600 人从附近的居民点撤离，居民点 ^{90}Sr 的浓度为 10～100 Ci/km^2。在随后的 18 个月内，总计撤离了 10 180 人。撤离前最大平均外照射达 17 R（1 R=2.58×10^{-4} C/kg），有效剂量当量为 52 R。有 1 120 km^2 面积受到污染。^{90}Sr 的污染浓度超过 2 Ci/km^2。

问题

1. 试根据 INES，对本事件进行分级。
2. 事故发生的原因是什么？
3. 高放废液应如何安全贮存？
4. 通过该事故应吸取什么教训？

分析要点

本案例属于乏燃料后处理高放废液贮存设施爆炸事故，分级应根据 INES 进行。分析要从高放废液贮罐爆炸造成重大污染和经济损失的原因，以及应吸取的教训来考虑。

参考答案

1. 根据 INES 的规定，考虑到放射性物质向外释放需要全面启动地方应急计划的防护措施，因此该案例定为 6 级（重大事故）。

2．事故原因是冷却水被污染，抽走冷却水后没有补充新的冷却水，贮罐中有 70～80 t 废液（7.4×10^{17} Bq）在不断地衰变放出热量，使废液温度逐步升高。废液蒸发成气体，积聚在有限空间内。当温度上升到 350℃时，在有限空间内形成高温和高压，加上存在硝酸钠和醋酸盐等氧化性物质，化学性质活泼，导致发生爆炸。

3．因放射性强、释热率高、腐蚀性大，高放废液贮存应满足以下要求：

（1）有循环水冷却，不断带走衰变热；

（2）有排风设施，不使罐内积聚气体；

（3）有搅拌装置，不出现沉积物，不形成热点；

（4）有双层壁或托盘，可接纳泄漏的液体；

（5）设备室有辐射监测仪表；

（6）贮罐有液位、温度、压力测量仪表；

（7）有严格操作程序，有质量保证和质量控制程序；

（8）操作人员经过培训，获得一定的资质；

（9）有应急响应准备，等等。

4．对高放废液必须严格管理，贮罐选址、设计、建造均应按质量保证、质量控制大纲严格进行。在运行时，应严格按程序操作，并且应该有应急响应准备。从南乌拉尔高放废液贮罐爆炸事件来看，苏联早年高放废液贮罐设计和制造标准落后，管理制度不严，安全隐患大。这次事件由于高放废液贮罐运行管理混乱，没有应急响应准备，造成大面积污染和巨大集体剂量照射。

案例 7 放射性废树脂固化体的溶胀破坏事件

背景材料

某科研组开发的废树脂水泥固化技术，用波特兰水泥包容了 40%（质量百分数）的沥干水的废树脂，养护 28 天之后，制得的水泥固化体很坚硬，外观很好，抗压强度很高（>15 MPa），模拟核素的浸出率相当低（$<10^{-5}$ cm/d）。但是，浸泡在水中 2 年后，发现固化体明显变胖，出现了小裂缝，抗压强度大大降低（<5 MPa），浸出率大大提高（$>10^{-3}$ cm/d），固化产品达不到要求。并且继续浸泡质量变得更差，容易发生放射性废物泄漏事故。

问题

1. 废树脂水泥固化体浸泡 2 年之后性能为什么会发生这样大的变化?
2. 低中放废物固化体最重要的性能要求是什么?
3. 这样的树脂水泥固化体是否满足处置要求?

分析要点

核电厂广泛利用离子交换树脂处理放射性废液。放射性废树脂是核电厂的重要放射性废物之一。目前放射性废树脂主要采用水泥固化。本案例应从树脂的溶胀作用对水泥固化体性能的影响等方面来进行分析。

参考答案

1. 在水泥固化体养护时，树脂脱水收缩。而当固化体浸泡在水中后，固化体吸水，树脂膨胀，树脂球对水泥基料施加伸张应力。当伸张应力大于水泥抗胀强度时，水泥固化体就会受到破坏。固化体浸泡 2 年后所发生的现象，是树脂吸水溶胀所造成的。
2. 为满足处置要求，低中放废物固化体应有许多性能要求，最重要的是抗浸出性和抗压强度。
3. 案例中的固化体不能满足处置要求，因为它不能保证核素安全隔离 300 年。

案例 8 沥青固化工厂着火爆炸事件

背景材料

日本某沥青固化示范工厂，固化放射性硝酸钠浓缩物。1997 年发生罐装间着火，操作人员发现后，立即喷水灭火，1 分钟之后看不到火焰，就停止了喷水。但罐装间内充满了烟雾。控制室通风机指示灯显示通风机处于停机状态，接着所有风机都停止工作。不久发生了爆炸，烟雾从楼窗向外冒出。爆炸使一、二层邻近罐装间的房间破坏较严重。当时在该区工作的人员有 112 名，37 人受轻度污染，最大污染者吸入 2 700 Bq 的 ^{137}Cs，对公众照射的剂量为 10^{-3}～10^{-2} mSv。

此次着火/爆炸的辐照伤害并不大，但带来的社会影响很大。经调查研究发现，着火/爆炸前运行工艺条件曾有以下改变：

（1）加料速度从规定的 200 L/h 降到 160 L/h，可能导致螺杆机运行温度升高；

（2）加料的沥青流动性增大；

（3）加入的沥青量减少，为原来的 70%～80%；

（4）料液搅拌取样后，没有充分沉淀就往螺杆机泵送，可能有较多沉淀物夹带着催化剂进入螺杆机。

问题

1. 该沥青固化示范工厂为什么会发生着火事故?
2. 为什么罐装间会发生爆炸?
3. 从这次事件中应吸取什么教训?

分析要点

沥青固化放射性硝酸钠浓缩液，存在可燃物和氧化剂，着火风险大，必须严格控制工艺温度，遵守操作规程，做好应急响应准备。

参考答案

1. 沥青固化放射性硝酸钠浓缩液，存在可燃物和氧化剂，着火风险大，必须严格控制运行工艺温度，此次着火事故的原因为：

（1）加料速度降低，导致运行工艺温度升高；

（2）加料沥青预热温度升高，导致沥青流动性增加，且进入螺杆机后使工艺温度升高；

（3）加入沥青量减少，混合物中硝酸钠含量增加，氧化剂的成分提高，可燃性增加；

（4）有沉淀物夹带着催化剂进入螺杆机，催化剂导致放热反应强化，并使着火温度降低。

2．罐装间发生爆炸的原因为：

（1）沥青混合物着火点降低；

（2）没有充分喷淋和完全消灭火情；

（3）通风情况不良，沥青热解产物如氢气、一氧化碳、甲烷、乙烷等可燃气体继续释放，积聚在罐装间的有限空间内，容易产生气体爆炸。

3．从中应吸取的教训：

（1）必须严格控制运行工艺温度；

（2）必须严格按照规定程序和规章制度操作；

（3）必须严格控制沥青和料液的成分与加料速度，防止催化剂进入；

（4）必须加强消防、通风和应急措施。

案例 9 放射性废物焚烧炉过早报废事件

背景材料

某厂建造了一台焚烧炉，专门用来焚烧纤维、塑料、橡胶类的可燃性放射性废物（如劳保用品，桌面、地面覆盖物等）。运行期间，卸灰系统经常发生堵塞。两年后，炉膛和尾气净化系统已经严重损坏，焚烧炉不能再用，形成过早报废事件。

问题

1．为什么会发生焚烧炉过早报废事件？

2．由此事件得到什么教训？

分析要点

焚烧炉有使废物获得较大减容、减重的功能，但是对于塑料、橡胶制品的废物，焚烧要采取专用炉子和措施，以保证废物的焚烧处理正常运行。

参考答案

1．焚烧炉过早报废主要因为使用的是一般焚烧炉。而现在厂里焚烧的废物中含有较大比例的塑料和橡胶类物质。塑料和橡胶中含有氯、氟、硫、氮、磷等元素，焚烧时会生成 HCl、HF、氮氧化物、硫氧化物、磷氧化物及多种强腐蚀性酸性物质，对焚烧炉炉膛和尾气净化系统有很强的腐蚀作用。此外，塑料、橡胶类物质燃烧时会生成熔块物，滴落在炉排上，容易造成炉排堵塞；产生的焦油、油烟物会造成尾气净化系统堵塞。这些都造成焚烧炉过早报废。

2．一定要控制焚烧废物中塑料、橡胶物的比例：

（1）含塑料、橡胶类物质多的废物，要选用专门的炉型，如热解炉（裂解炉）；

（2）为了保证燃烧状况良好，塑料、橡胶类物质最好切割成小块，以防止炉排和尾气净化系统的堵塞；

（3）炉体和尾气系统应选用抗腐蚀性好的材料。

案例 10 退役决策争议事件

背景材料

某国已建立了比较完整的核工业体系。其核燃料循环前段的铀浓缩扩散装置、15 MW 热功率的反应堆和核燃料循环后段的后处理示范装置，在 20 世纪 90 年代都已到达设计寿期。该国宣布，现在这些设施均已完成一级退役，封闭 30～50 年之后，实现二级和三级退役。这种做法在同行之间引起了争论，第一种观点认为核设施到达寿期后应立即实施退役，第二种观点认为核设施到达寿期后必须先封闭数十年后再退役，第三种观点认为核设施退役应该依据具体的核设施类型（核燃料循环前段、反应堆、核燃料循环后段）采取不同的退役策略。

问题

1．你认为该国宣布的退役策略是不是优化方案？

2．你认为上述三种观点中哪种观点更为合理，为什么？

分析要点

核设施退役是政策性强、技术难度大、周期长、涉及面广的复杂系统工程。核设施退役策略的选定有重要影响，也受制于很多因素，应该参考国际先进经验和本国具体条件来确定。

参考答案

1．该国对核燃料循环前段、后段设施和反应堆的退役，采取同一策略，不是优化方案。早期国际原子能机构（IAEA）把核设施退役分为监督贮存、有限制开放和无限制开放 3 个等级，分别称为“三级退役”。随着人们对退役认识的提高和退役技术的发展，“三级退役”已逐渐弃之不用，现在 IAEA 将退役分为 3 种策略，即立即拆除、延缓拆除和就地埋葬。各国所采用的退役策略应根据退役设施和本国具体条件而定。

2．第三种观点较为合理，核燃料循环前段、后段核设施与反应堆退役应该采取不同策略。因为：前段核设施污染的主要核素是铀（钍）及其子体镭和氡，后段核设施污染的主要核素是铀、钚、镎和长寿命裂变产物，延缓几年、几十年拆除，对降低工作人员受照剂量来说，受益不大，相反，长期监管费用很大。因此，核燃料循环前段和后段设施，退役策略应该优选立即拆除。

对于反应堆退役，污染核素有裂变产物和活化腐蚀产物。延缓拆除对降低受照剂量是很有效的，但延缓拆除有系统包容性能降低、监控仪表功能下降、辅助系统/支持系统能力减弱或失效、熟悉设施人员流失等问题。所以，反应堆退役采取立即拆除还是延缓拆除应根据各国政策和条件而定。

案例 11 退役废物过量事件

背景材料

某国有两座原型堆：A 堆和 B 堆，其堆型相同、热功率相近。A 堆 20 世纪 80 年代完成退役，B 堆 90 年代完成退役。

A 堆退役的源项调查、去污、切割解体，相对简单，退役工期较短，共花费 8.7 年；B 堆退役的源项调查、去污、切割解体和废物处理，工作比较细致，积极贯彻废物最少化和清洁解控原则，采取了废金属熔炼、混凝土去污再利用等措施，因此两堆的退役有以下差别：

原型堆	A 堆	B 堆
退役工期和集体剂量	8.7 年、3.5 人·Sv	9.1 年、3.7 人·Sv
需近地表处置场处置的废物	82%	15%
经过熔炼可再利用的金属清洁解控的废物中可进行一般处置的废物	17%	83%

问题

1. 为什么 B 堆退役的放射性废物比 A 堆大量减少？
2. A、B 两堆退役的总代价-利益何者为优？

分析要点

A、B 两堆退役，对源项调查、去污、切割和废物处理所下功夫不同，因此退役工期、集体剂量和要处置的放射性废物量有所不同，本案例从代价-利益分析、比较优化方案。

参考答案

1. 因为 B 堆退役高度重视废物最少化，采取了许多措施，例如：

（1）源项调查工作很细，对放射性存量、污染核素、污染分布调查得比较清楚，为后续工作打下了好的基础；

（2）根据源项调查结果，有针对性地进行去污和切割解体；

（3）对废金属采取了去污—熔炼再利用；

（4）对大量混凝土废物进行了分类处理；

（5）贯彻清洁解控原则，对废物实行有限制、无限制再利用，或者作一般废物处置。

这样，大大减少了要作放射性废物处置的废物。

2．B 堆退役对源项调查、去污和废物处理做了较细致的工作，虽然退役工期较长，集体剂量稍大，但是 B 堆要送往近地表处置场处置的废物量仅约为 A 堆的 18%，大大减少了处置费用和对处置场地的要求。A、B 两堆退役的总代价-利益比较，以 B 堆为优。

样题演练

背景材料

某原型堆即将退役，制定了 A、B 两种退役方案。A 方案主要包括源项调查、去污、切割解体，退役相对简单，退役工期 8.5 年；B 方案主要包括源项调查、去污、切割解体、现场废物分类处理及废物再循环再利用，积极贯彻废物最小化和清洁解控原则，采用废金属去污-熔炼、混凝土去污等方案，但 B 方案所用退役工期为 9.3 年。两种方案具有以下差别：

退役方案	A 方案	B 方案
退役工期	8.5 年	9.3 年
退役过程所受集体剂量	3.5 人·Sv	3.8 人·Sv
需近地表处置废物占总废物量的百分比	80%	20%
经过熔炼可利用金属占总金属量的百分比	27%	72%
清洁解控后可做非放废物占总固体废物量的百分比	20%	83%

问题：

1．请说明在核设施退役中实施废物最小化方法的基本要求。

2．为什么 B 方案需近地表处置的放射性废物量比 A 方案大量减少？

3．对 A、B 两种退役方案进行利弊分析。

答：

1．退役方案设计应考虑废物最小化，实施废物最小化优先考虑从源头设计上防止或削减废物产生量；其次以环境安全方式进行再循环、再利用；最后合理尽可能低地向环境排放或永久处置。

2．主要因为 B 方案设计中：

（1）现场废物分类处理；

（2）废金属采取了去污 - 熔炼再利用设计，减少了金属废物量；

（3）大量混凝土废物采取去污设计方案；

（4）贯彻清洁解控原则。

3．A 方案的优点是退役工期短、退役过程所受集体剂量小。缺点是需近地表处置的废物占总废物量的比例高达 80%、废金属可利用的比例低、清洁解控的废物占比低。

B 方案的优点是需近地表处置的废物占总废物量的比例低，只有 20%；废金属可利用的比例高、清洁解控的废物占比高。缺点是退役工期长、退役过程所受集体剂量大。

六、核设施选址案例

案例 1 核设施选址不当导致工程下马案例

背景材料

某主管部门决定在某地区新建一个核基地，主管部门和某设计院组成选址小组。其成员有反应堆工程、核化工、辐射防护、总平面、喀斯特水文地质专家及主管部门人员。

选址小组经学习、收集资料后奔赴预选厂址区。选址小组按预先计划沿某江而上，发现眼前江面湍流滚滚，两岸悬崖绝壁，山峦叠起；江拐了几个弯，顿然视野开阔，江的左岸山势平缓、徐徐上升；在两种截然不同的地貌单元分界处，有一条小溪从北向南流入大江。选址小组重点对小溪的右岸进行了查勘，经比较、分析后，把离大江 2 km 处的小溪的右岸作为推荐厂址。这阶段共用了 2 个月的时间。

主管部门收到选址报告并听取选址小组汇报后，认可了该厂址。随后，政府对主管部门的报告进行了批复。

之后，勘探队、设计院、土建施工公司和安装施工公司上万人云集工地，开始了现场边勘探、边设计、边施工的工作。

工程进展到一年，勘探、设计人员经详细的地质测绘、调查访问工作，证实了相对高度达 400 余 m 的东部山体，在雨天中曾有 5 次山体崩塌，崩塌块体沿高坡冲入小溪，形成土石坝阻塞河道，洪水水位急增，淹没了溪边的田地和农舍；现在小溪左岸高峻、陡峭的山体，复杂的地层结构，在暴雨、多雨的季节山体仍有崩塌的可能。

对于新发现的厂址情况，主管部门组织专家进行研究，专家同意勘探人员的意见，工程暂停，后该项目下马。

问题

1．试从管理方面分析在进行该工程选址时所存在的主要问题。

2．如果该工程不下马，建成后潜在的核安全问题是什么？

分析要点

本案例是一个核设施厂址选择的案例。通过该案例考核对核设施选址的组织管理的了解程度。要求针对不同的厂址条件对可能影响核设施安全的外部事件有所掌握。

参考答案

1．一个工程从立项、初步设计的完成到工程建设的全面开始，然后又因厂址问题造成工程停建、下马，带来了重大经济损失，这在国际核设施的发展史上也是少见的，其经验教训是深刻的。该工程选址中出现的问题在很大程度上是管理不善造成的，而管理方面的问题涉及选址政策、法规标准、选址组织、审批程序等，该案例在管理方面存在的问题主要表现在以下几方面：

（1）从核设施厂址选择的观点看，凡是地形地貌复杂的地区，往往发生外部自然事件的可能性较大。因此，在深沟地区选核设施厂址时必须慎之又慎，必须对地质构造、能动断层、边坡稳定性、泥石流、山洪等危及核设施安全的外部事件进行充分调查与研究，切勿轻易下结论。

（2）在选址人员的组成上，缺少工程水文、气象、地震地质等主要专业人员，造成了选址中的先天不足。实践证明，进行核设施选址必须有合理的专业技术人员配备，工作中各负其责。如果进行核设施选址查勘时专业技术人员的配备不合理，很可能会导致一些影响厂址可接受性的因素未被发现，一旦厂址被认可，会给以后的工作带来极大被动。

（3）开展核设施厂址选择，必须有相应的选址法规、标准。由于当时缺少法规标准，无法可依，给工作带来被动。

（4）核设施选址需要考虑的因素很多，这包括可能对核设施的安全构成影响的外部人为事件和自然事件、核设施的排放物向人体转移的厂址特征和环境特征、与实施应急计划有关的人口分布及人口密度等。因此，核设施的厂址选择需划分为几个阶段，每个阶段要有足够的时间保证。

2．如果该工程不下马，建成后潜在的核安全问题有两个方面：

（1）在雨天或在遭受地震影响时，山体发生崩塌或滑坡，大量的土、石体进入河床，形成拦河坝，迫使水位抬高。如果拦河坝在厂址的下游，则抬高后的水位会因外部洪水导致厂房内部被淹；如果坝在厂址的上游，溃坝洪水也可能造成厂房被淹。

（2）厂址左岸的山体相对高度达 400 多 m，如果高处的大块岩石滚下，会冲坏构筑物，影响对放射性物质的包容。

案例 2 厂址勘探缺陷及时补救措施的案例

背景材料

按工程地质勘探报告，D 核电厂的地基为泥盆系的砂页岩地层，由于该地段的砂页岩处在与花岗岩的接触处，接触变质明显，砂页岩变为角岩化砂岩、角岩化细砂岩（统称角岩）。角岩裂隙发育，裂隙呈闭合状。

基坑开挖到接近设计开挖标高处，在 2 号核岛和常规岛的位置发现有溶洞存在。经对基坑全面进行地质编录，查明在大理岩中发育有 H1、H2 两个较大的溶洞：可见 H1 单个溶洞长 1～3 m、宽 10～50 cm、深 0.5～1.3 m，延伸长 17 m；H2 单个溶洞长 4.2 m、宽 10～70 cm、深 0.7～1.4 m。溶洞走向为 NE 60°～85°，倾向 SW，倾角 55°～68°。溶洞的产状与大理岩的层理基本一致。

为查明核岛和常规岛的地基溶洞发育情况，对地基进行了深入的地质调查，在 2 号核岛的位置打了 9 个钻孔（70°斜孔）进行了岩样化学分析和压水试验。

在 2 号核岛和常规岛的位置打了 37 个钻孔，对基础下 15～25 m 深度范围内的溶洞、裂隙用灌浆法进行了地基处理。

事后在区域地质报告当中，发现该地层中有石灰岩存在。

问题

1．分析在进行工程地质评价时未发现溶洞存在的原因。

2．溶洞的存在对核安全的影响是什么？

分析要点

该案例考核针对不同厂址的地质情况确定勘探要领。了解由于工程地质勘探不到位，会给核安全带来的潜在危险。

参考答案

1．在该工程的地质勘探中未发现溶洞存在的原因有以下几点：

（1）工程地质勘探单位对区域地质资料的收集和研究不够。因在区域勘探报告中清楚地阐明了在泥盆系的砂页岩层中有石灰岩（可能发育溶洞）存在，但在工程地质勘探单位的报告中未反映此情况。这意味着勘探技术人员从工程伊始就没意识到厂区范围内会有溶洞存在，自然在制定工程地质勘探大纲时就忽略了对溶洞的调查。

（2）厂区地质测绘做得不够深入。按常规，地基开挖后发现了大理岩，在地质测绘时也应该有所发现。

（3）勘探孔的数量和深度不足，导致勘探时未发现场地上有大理岩和溶洞存在。

以上原因表明：该工程的勘探质量尚存在问题，如果当时业主和勘探单位有质量保证大纲和质保程序并得到有效实施，溶洞问题可能会在厂址评价阶段得到解决。

2．如果在设计基础标高以下 5 m 或在持力层的范围内有溶洞未被发现，对核安全的影响主要表现在两个方面：

（1）由于溶洞的存在，地基材料会因传播超过核电厂结构设计极限的振动，使核电厂结构的应力超过设计极限而影响安全。

（2）由于溶洞的存在，在核电厂建造和运行期间，地基可能发生坍塌、沉降或变形，从而造成安全壳的破坏或不均匀性沉降，影响停堆。

案例 3 地基施工不当案例

背景材料

T 核电厂的核岛位置为古生代变质岩。地质测绘和勘探资料反映，T 核电厂核岛基础底部的岩石裂隙发育较均匀，岩石为新鲜和微风化状态，剪切波速为 1 500～1 800 m/s，属均质地基。

按设计，核岛的反应堆厂房的环廊底部比基础底低 2.50 m。

在施工单位完成基坑开挖后，组织专家对基坑进行验槽，发现环廊的形状很不规则，环廊壁 50%不直立，局部呈现 40°坡角；基底岩石破碎程度不一，有的大块岩石被张裂缝分开，最宽处达 7 cm，个别位置岩石几乎成小块状；在基坑中发现多个ϕ100 的残孔。

专家认为，该工程在进行地基开挖时，基坑、基槽的几何尺寸远超出了技术规格书的规定，属不符合项，应进行地基处理。

问题

1．分析造成不符合项的原因。

2．对地基层结构的破坏将导致怎样的安全后果？

分析要点

本案例考核核电厂的地基开挖方法和应遵循的程序。了解由于施工方法不当可能对核安全带来的影响。

参考答案

1．从本案例中我们认识到造成基坑验槽结果与勘探成果不一致是业主和施工单位片面追求工期、效益，违反施工程序所致。按一般的施工要求，在进行基坑开挖时，需在基底的上部留有 0.5～1 m 厚的预留层，预留层的上部开挖时装药量可大一些，留预留层的目的在于防止上部爆破作业对地基造成破坏。对预留层部分的开挖需用孔径小的钻孔，对装药量实行严格的控制，把爆破作业对地基的影响减轻到最低限度。

该核电厂在进行基坑开挖时竟然把ϕ100 的钻孔一直打到持力层中，违反了基坑开挖施工程序，严重地破坏了天然地基的状态。从此案例中我们可看到加强基坑施工监督和验槽的重要性，加强在基础施工中有效地实施质量保证大纲和相应程序的重要性。

2．地基结构的破坏，对核安全的影响表现在两个方面：一方面，如果在进行地基基坑开挖时，下卧层的岩石遭受破坏、产生松动，势必会使下卧岩层的动态参数发生变化，可能使核电厂超过原抗震设计的地震水平；另一方面，在地质勘探时认为其地基为均质地基，由于开挖时对地基的破坏程度不一致，很可能会变成非均质地基，对地基造成不均匀沉降。

案例 4　泥石流对核设施安全影响的案例

背景材料

某核化工厂厂址位于一条山间小溪边，山间小溪汇入一条大河。核化工厂中放射性废液贮罐（以下简称贮罐）所在的位置相当于大河的一级阶地。贮罐前面离小溪近 20 m，后面是蜿蜒的山，山的坡度平均约 30°，山的相对高度约 800 m。贮罐的右面有一条冲沟，冲沟平时无水，底部局部可见基岩，下雨时雨水顺冲沟流入小溪。

山体由志留系的泥质砂页岩构成，岩层的倾角为 50°～70°。山体地表为坡积层、残积层。山上树木、杂草丛生。

厂址所在地区的年降雨量约 1 600 mm。

为保证贮罐的安全，在贮罐靠近山坡和冲沟处建了截水沟和挡土墙。

某年 7 月的一天上午，连续降雨 3 小时，降雨量达 150 mm，在冲沟形成泥石流，泥石流沿冲沟而下，冲毁了贮罐周围的挡土墙。在全厂人员的奋力抢救下，水位只差 10 cm 就到贮罐顶端的口，暴雨停了，未造成放射性污染后果。

事件发生后，在反思时意识到若该事件发生在晚上，贮罐将被淹没；若暴雨再持续 10 分钟，贮罐也会被淹没。为安全起见，临时新建了排水沟和挡土墙；从长远考虑，在其他处建了新的贮罐，将放射性废液输送到新的贮罐中。

问题

1．分析该核化工厂废液贮罐险些被淹的原因。

2．从该案例中应吸取哪些经验教训？

分析要点

这是一个核设施厂址选择方面关于工程地质的案例，该案例应从泥石流对核设施的影响来分析。

参考答案

1．正如背景材料中所介绍，该核化工厂废液贮罐险些被淹是泥石流造成的。关于泥石流的问题，在对该厂址进行工程地质勘探时根本没意识到。因此，出现了总平面布置时将废液贮罐放在冲沟口；废液贮罐附近的截水沟和挡土墙是为防止山坡雨水和山坡滑动建造的，不是用于防止泥石流的。废液贮罐险些被淹的根本原因是工程地质勘探时缺乏对泥石流的认识。

2．大量的实践证明，山区是泥石流的多发地。发生泥石流的因素有降水、地形、植被、沟中物质等。通常，在核设施厂址选择时虽然将泥石流作为厂址适宜性因素之一考虑，但由于泥石流是综合因素作用的结果，像山区受局部地形的影响所形成的山坡雨很难估计，确定泥石流发生的地段确实困难。通常是在厂址评价阶段给出可能发生泥石流的地段，在工程设计时避开这些地段。该核化工厂发生的泥石流事件提醒我们，在进行核设施厂址选择时，尤其在山区，必须充分关注泥石流这一外部自然事件，必须充分认识泥石流对核工程造成的安全后果。通过该案例应吸取的经验教训是：

（1）在进行核设施选址时，应避开那些可能发生泥石流的地段。在没有很好的方法确定泥石流能否发生前，尽量不要把山高林立、冲沟发育、地形复杂的地区作为核设施优先候选厂址。

（2）在进行总平面布置时，不要将核安全重要物项放在冲沟沟口及附近。

案例 5　山区洪水淹没应急柴油发电机房事件

背景材料

某研究堆厂址在一山间小盆地内，厂前有一条小河，在离小河不太远的台地上是研究堆的应急柴油发电机房，研究堆厂房在更高的位置。建厂时在河上建了一座拱桥连接厂内外道路，拱桥设计时考虑了小河发生可能最大洪水时的泄洪能力。

某年 7 月，连续下了几天连绵细雨，土壤已经饱和。雨停后的某一天晚上，突然乌云密布，狂风大作，大雨倾盆，雨连续下了近 2 个小时，小河两边山坡上的树木有的被连根拔起，有的树枝、树干被狂风折断。拔起、折断的树干在雨水的作用下，冲入河道随洪水而下，在拱桥处阻塞桥洞，在桥的上方形成一条拦河坝，坝高超出桥面近 2 m，迫使上游水位不断抬高，最终洪水超出坝高，造成河边的应急柴油发电机房被淹。

事发后，该厂立即组织人员抢救，拆除了河道阻塞物，疏通了河道，使洪水退出。

后来，该厂在更高处新建了应急柴油发电机房。

问题

1．分析该厂应急柴油发电机房被淹的原因。

2．从该案例中应吸取怎样的经验教训？

分析要点

这是一个核设施厂址选择中关于洪水影响核安全的案例。该案例应从山区洪水对核设施安全的影响来分析。

参考答案

1．该研究堆应急柴油发电机房被淹没，使研究堆的纵深防御受到削弱。造成应急柴油发电机房被淹的原因是：

（1）20 世纪六七十年代，我国尚没有核设施有关滨河厂址的洪水调查以及评价的规范、标准。鉴于当时的形势，担负厂址调查、评价的技术人员对山区的自然灾害缺乏认识，没意识到一条不大的小溪会因河道堵塞导致发生洪水的可能性。

（2）应急柴油发电机房的位置离小溪太近、地面标高太低。

2．核设施厂址选择时需考虑由于泥石流、冰冻、杂物等暂时阻塞河道引起洪水的可能性。该研究堆厂址上所发生的河道阻塞事件，充分说明了这类事件确实会对核设施的安全构成威胁，对核设施的纵深防御构成削弱。

山区中的核设施发生外部事件的概率较高，主要是小区域或小范围内的地形、地质、气象、水文条件比较复杂。该事件提醒我们，在山区做厂址选择工作时必须进行深入的调查与研究，分析因河道阻塞引发洪水的可能性、分析山体的稳定性、分析泥石流形成的可能性。

另外，要预测小溪中由于杂物引发洪水的可能性，确实存在相当大的困难。在此情况下应采用比较保守的设计，并应有厂区应急防洪措施。

样题演练

背景材料

F 国 B 核电厂是一座拥有 4 台 900 MW 机组的压水堆核电厂，位于 G 河三角洲地带。厂坪标高为 4.50 m，安全厂用水泵房的底标高为–10.75 m，燃料厂房的底标高为–10.50 m，反应堆厂房的底标高为–3.50 m。设计时厂址的警戒水位为 5.02 m。为保证核电厂的安全，在场地周围修了一条环形防洪堤，在 G 河边的堤顶标高为 5.20 m，其他位置的堤顶标高为 4.75 m。防洪堤由土构成，面向 G 河的堤用大量的石块护坡。

在评价 B 核电厂的高水位时，认为海的影响远大于河流的影响。因此，使用滨海厂址的方法确定设计基准洪水位。

1999 年 8 月 27 日，B 核电厂 1 号、2 号、4 号机组满功率运行，3 号机组在换料后处于停堆状态。在 19：30，因风暴影响 400 kV 的电网丧失，2 号、4 号机组丧失了 225 kV 的辅助电源。

1999 年 8 月 27 日晚至 28 日由于高潮位与异常大风的组合影响，强有力的波浪推动水体从防洪堤的西北面涌入，造成场地西北角形成深度约 30 cm 的积水（该值是后推算的）。在波浪的作用下，防洪堤的部分护石和土体被冲走。场地内积水通过地沟（电缆沟、管沟）进入 1 号、2 号机组水泵房、核燃料厂房底部的 2 台 LHSI 泵室和 2 台安全壳喷淋泵室。3 号、4 号机组也受到影响。

B 核电厂在发现厂区被淹、厂房进水后，立即进入厂区应急状态；国家应急指挥系统启动，对厂区应急提供指导，执行设计好的现场应急计划水平；技术支持部门及时通过运算等手段，对事件系列的发展作出评估。

在把厂房内积水排入 G 河时严格检测其放射性值，积水的放射性远低于规定的限值。由于组织严密，事故处理果断，这次水淹事件没有造成放射性污染。

在外部洪水未进入厂区前，核电厂收到了在 G 河上游水文站的水位报警。

问题：

1．分析 F 国 B 核电厂因外部洪水导致内部水淹的原因。

2．从该案例中应吸取的经验教训是什么？

答：

1．F 国 B 核电厂因外部洪水导致内部水淹的原因可归纳为两点：

（1）F 国的核电厂防洪标准不够保守

F 国自然环境优越，历史上出现恶劣天气的概率很低。B 核电厂的输、变电设施因暴风影响，导致部分失去外部电源，说明当时的风速已超过了设计基准风速。

F 国的设计基准洪水位称为警戒水位，警戒水位的确定按 F 国的标准：最高天文潮（调和因子 120）加因地形起伏和气象条件（风、低气压区等）规定允许的可靠值（此可靠值是按数十年的水位记录资料外推得到的）。按此标准确定的该核电厂的警戒水位是在国家基准面以上 5.02 m（此值包括风浪的作用）。B 核电厂的厂坪标高为 4.50 m，低于基准水位 52 cm。为了保证核电厂免受外部洪水的影响，用防洪堤抵御洪水。按国际上通常的考虑，B 核电厂厂址属于湿厂址。设计时将沿河边的防洪堤堤顶标高定为 5.20 m，比警戒水位高出 18 cm，作为安全裕度。这次洪水是沿河边的防洪堤进入厂区的，说明当时的实际洪水已超过了设计基准洪水。

（2）设计上存在缺陷

正如背景材料中所介绍，B 核电厂的厂坪标高低于警戒水位，是典型的湿厂址。核电厂的防洪是依靠防洪堤。因此，防洪堤是与核安全相关的构筑物。在本次风暴潮中，防洪堤遭受破坏，说明设计上不够保守。

本案例中，外部洪水通过地沟进入核安全重要构筑物的底部房间，说明在设计上对防洪考虑不周。

2．通过该案例应吸取的经验教训有以下几点：

（1）对于滨海核电厂的设计，应考虑和解决外部洪水引起内部水淹的技术问题，特别注意对洪水设计基准有足够的保守性。

（2）在设计上要重视外部洪水或降雨引起的厂内积水通过地沟进入核安全重要构筑物的问题。

（3）B 核电厂在外部洪水未进入厂区前收到了 G 河上游水文站的水位报警，这说明 B 核电厂在电厂运行期间一直与水文监测部门保持联系。尽管水文站的报警由于电厂内部的传递或运行人员对洪水的认识而未引起足够的重视，但核电厂建立水文、气象预报机制是值得借鉴和推广的。

（4）F 国对运行期间的防洪应急计划和应变能力值得借鉴。

（5）应对按 B 核电厂的防洪标准设计的其他类似核电厂的防洪能力进行检查，避免类似事件的发生。

七、质量保证案例

案例 1　质量保证大纲文件不完整的案例

背景材料

某核设备制造厂制订的质量保证大纲，已经通过营运单位审评认可。但在实施中发现如下问题：

1．有的质保工作没有部门去实施。经查，在质保大纲中职责划分不清楚，没有明确规定相关质保工作由哪个部门负责实施。

2．该大纲中没有包括其制造过程中所需的焊接和无损检验等特种工艺的控制措施，因而这些工艺实施时没有得到应有的控制。

问题

1．如何保证质保大纲职责分配的完整性？

2．针对焊接和无损检验等特种工艺，质保大纲应提出什么要求？

分析要点

本案例主要考核质保人员对质保文件编制、审核的具体要求，以及对质保人员进行质保文件编制、审核、实施及其对实施情况进行评价等完整知识掌握的要求。针对本案例，要求对下列内容有全面了解：保证质保大纲中职责分配的完整性，质保大纲制定要结合所承担任务的质保工作。

参考答案

1．在制定质保大纲时，首先要将所执行的工作任务和所承担的质量保证活动进行分解，并根据各项活动所承担的任务（如销售、设计和开发、加工制造、采购、质保等），列出大纲活动职能，将其职能分配到各个部门，制定出“质保职责分配一览表”。并根据“质保职责分配一览表”对质保大纲所规定的职责进行检查和审评，以保证质保大纲中质保职责分配的完整性。

2．在设备制造中，焊接和无损检验等特种工艺的控制措施是保证设备质量的关键。因此，在质保大纲中应制定该控制措施的详细要求，如使用合格设备、经过评定的工艺、合格的材料、具有资格的人员等。

案例 2 物项采购控制失误的案例

背景材料

某核承压设备制造厂，在某反应堆压力容器接管安全端异种金属焊接过程中，焊缝出现质量问题。经查，焊丝的质量是导致问题的原因之一。在 Inconel 690 焊丝的采购过程中，先后与国外两个供货厂家进行了接触，厂家 A 生产的 Inconel 690 焊丝是国际上公认比较好的，且有成功的经验，而厂家 B 的焊丝在国际上没有知名度。在价格上，厂家 A 生产的焊丝比厂家 B 每千克贵 10 美元。经对两个供货厂家的比较，该制造厂选择了国外厂家 B。在验收过程中，该制造厂第一次派了一名焊接技术人员进行了源地验收，发现强度性能不满足要求后拒绝验收。第二次由于签证等原因，没有派人进行源地验收的试验见证，后期派一位普通采购人员到国外进行了文件记录确认，验收人员没有发现焊丝质量证明文件中存在不符合验收技术要求的问题，就签字认可。这批焊丝的使用最终导致该焊缝出现质量问题。

问题

1．在 Inconel 690 焊丝采购过程中存在的问题及教训是什么？

2．在物项采购中应如何避免上述问题的发生？

分析要点

本案例主要考查核电厂物项和服务采购中，买方如何对供方进行评价和选择，以及如何进行物项和服务的验收等。要求针对本案例掌握对供方进行评价和选择的原则和方法，以及进行源地验收的要求等质保内容。

参考答案

1．首先，该制造厂在选择 Inconel 690 这种新型焊丝的合格供方时，只考虑价格因素，而忽略了质量因素，如供方业绩、良好的质量史和成功的经验等，选择了价格较低而缺乏生产经验的 B 厂。其次，该制造厂没有严格按源地验收的要求进行验收，按常规第一次见证发现不合格，说明此种焊丝的质量不合格的可能性较大，第二次既未按要求进行试验见证又未派专业人员进行验收，导致这批不合格的焊材被使用，其教训是极其深刻的。

2．对于 Inconel 690 焊丝这类重要物项的采购，首先要对供方进行调查，包括供方基本情况、人员状况、主要加工设备和生产能力以及质量保证能力等。其次对供方进行评价，重点是供方以往类似物项的质量情况，包括用户的使用体验和记录等。对于供方以往无从事类似物项的制造经验和记录的，供方应向买方提供制造方案及采取的有效措施，以间接证明供方具有提供该物项的能力。此外，还应对供方的业绩和资质等进行评价。在对焊丝进行源地验收时，应派合格的技术人员，并按采购文件的要求对焊丝的检查试验过程进行见证且对其质量进行严格验收。

案例 3 重复发生焊接不符合项的案例

背景材料

某核设施施工单位从社会上招进若干名持证焊工，因施工工程急需，这批焊工只是在简单进行质保讲解后就投入焊接工作。他们在施焊时，经常产生焊缝气孔严重超标的不符合项。经分析原因，认为当时正值雨季，因焊条有可能未按要求进行烘干所致，但经调查表明，焊条是在二级焊条库内经过严格烘干后发放给焊工使用的。在此期间，同类不符合项还是经常发生。

随后质量监督人员通过进一步调查，发现焊工为了使用方便，在焊接过程中将焊条整把地从保温筒内拿出来放在地上，随用随取，因施工环境空气湿度大，焊条再次受潮，使焊缝中气孔超标严重。

问题

为什么会重复发生同一类型的不符合项？

分析要点

本案例主要考核质保规定对不符合项控制中针对不符合项产生的根本原因，采取纠正措施的要求。产生不符合项时，除“就事论事”纠正物项的不符合外，还必须查明起因和采取纠正措施，防止其再次出现。

参考答案

对于严重的有损于质量的情况，必须查明造成不符合项的根本原因并采取纠正措施。本案例在第一次出现不符合项后，没有从质保上寻找原因，而是“就事论事”。当第二次出现不符合项后，才发现对焊工的质保培训不足。在本案例中应有针对性地对焊工进行质保培训，具体讲解与焊接工艺相关的质保要求，并严格执行。只有严格执行质保大纲中的要求和操作程序，才能防止不符合项的再次出现。

案例 4　调试中不满足质保要求带来不良后果的案例

背景材料

某调试单位在调试工作中出现了下述不满足质保要求的情况：

1．在对一个刚刚安装结束的系统进行调试时，以核安全导则《核电厂调试程序》为指导安排工作步骤，由于未对系统中各个阀门的开、闭情况进行全面检查，致使对该系统注水进行水压试验时，遇到关闭的阀门使水无法注入，系统水压试验无法进行。

2．对完成调试的设备或系统未及时做出调试状态标识，以致施工人员分不清哪些设备或系统已完成调试，哪些未完成调试。

问题

1．为了避免上述两种情况再次发生，应如何进行质保工作？

2．从此案例中应吸取哪些经验教训？

分析要点

这是一个调试中不满足质保要求，使调试无法正常进行并带来不良后果的事件。为了避免上述两种情况再次发生，本案例应从调试中质保工作的安排内容和具体要求来进行分析，从完善的调试程序、人员的培训和相关的管理程序几个方面吸取经验教训，确保核电厂调试能安全、有效地进行。

参考答案

1．为了避免上述两种情况再次发生，应在以下环节进行质保工作：

核电厂的调试工作既要用核安全导则《核电厂调试程序》来指导，还应同时满足质保规定及调试质保导则的要求。必须按质保要求，对调试程序进行严格的审、批；调试前特别要注意检查调试先决条件是否满足，例如阀门的开、闭状态等；调试中严格按调试程序进行；调试后系统相关的设备和部件恢复到应有的状态，并有明确的状态标识。整个调试情况必须有正规的详细记录。

2．从本案例中应吸取的经验教训：

从人员技能方面，调试人员一定要在调试前熟悉调试程序的要求，并接受有关调试方面的质保要求的培训。

从管理方面，严格保证质保要求的全面落实。调试前，严格按照相应的调试程序，对系统中设备状态进行认真检查，以确保调试系统内的所有设备和部件满足调试先决条件，处于可调试状态。试验前不对系统进行全面检查，就可能造成无法进行试验，甚至造成其他意外事故。全部调试试验，必须按批准的书面程序执行。在调试中，调试人员与安装人员的工作应进行良好协调，以避免在调试过程中，安装人员又改变设备的状态。调试结束后，要仔细检查系统中相关的设备和部件是否恢复到了应有的状态，并具有标明其状态的相应标识。调试状态不作出标识，可能分不清是否已完成调试，甚至造成其他意外事故。

案例5 焊接工艺过程控制失误，造成焊缝出现大量超标缺陷；缺陷处理不符合质保要求，导致无缺陷焊缝的质量不能确定的案例

背景材料

某设备制造厂在某反应堆压力容器接管安全端的焊接过程中，有如下行动，造成相应的后果：

（1）由于制造厂是首次使用该焊接工艺，在焊接工艺评定之前，焊接工艺试验进行得不够充分，导致6个接管安全端焊缝（其中进出口接管4个：A、B、C和D，安注接管2个：E和F）中，除接管焊缝B外，其余5条焊缝均发现有严重的超标缺陷。

（2）发现缺陷后，该制造厂的有关人员未按质保要求申报不符合项，在无指令的情况下私下进行缺陷的挖补工作，错标缺陷位置（标在B上）、错挖。当发现焊缝B被错挖后，违规进行补焊，被买方监造人员发现。事后，对该事件进行了调查，该制造厂因没有记录错挖B的过程，无法提供对焊缝B挖补的长度、深度、部位、所用焊材及焊接参数等信息，以及挖补是否伤及母材、是否进行过预热，造成B焊缝的质量不能确认，给事件的后续处理带来极大的困难。

问题

1．分析导致上述5条焊缝产生超标缺陷的原因。

2．该制造厂的有关人员在背景材料（2）的一系列行动中，哪些方面违背了质量保证的要求？

分析要点

本案例主要考核物项制造中工艺过程控制、质量计划编制、不符合项控制及质量保证记录等内容。应针对本案例运用质量保证的有关知识，对不符合项产生的原因及建造事件的后果进行分析。

参考答案

1．造成上述5条焊缝产生超标缺陷的主要原因如下：

（1）工艺试验准备不足，对于该焊缝的焊接工艺没有完全掌握。特别是，制造厂首次使用该焊接工艺，只有通过工艺试验，找出最佳的焊接工艺参数范围，在此基础上进行的焊接工艺评定才算有效。

（2）质量计划编制不合理，如在焊接过程中，未分步对焊缝进行射线检验（RT），以至于全部 6 条焊缝焊接完成后，才暴露出该焊接工艺的不成熟性，最终导致 5 条焊缝出现大量的超标缺陷。

2．有关人员在背景材料（2）的一系列行动中，在下述方面违背了质量保证的要求：

（1）发现缺陷后，没有严格按质保大纲的要求对焊缝 A、C、D、E 和 F 提出不符合项报告，未认真分析缺陷产生的原因，进而确定焊缝返修方案；

（2）在返修过程中，不遵守质保大纲及有关程序的要求，“无”指令操作，错标缺陷位置（标在 B 上）、错挖，错挖 B 后，又未对焊缝 B 提出不符合项报告，违规补焊；

（3）对焊缝 B 的错挖过程，没有质量保证记录，造成 B 焊缝的质量不能确认；

（4）有关人员缺乏“核安全文化”的基本素养。

案例 6 焊接工艺过程失控造成造假的案例

背景材料

某公司承担核电项目压力容器制造工程。在焊接施工过程中，焊材管理员和领料焊工均未认真核对和识别焊材标识，将 309 L 焊材当成 308 L 领用。焊工施焊前未按操作规程核对焊材，直至第二天上午交班时，接班焊工发现先前班组用错焊材，向其公司管理人员汇报。公司经理助理和副工段长商量，当前焊缝不满足相关文件要求必须返工修理，如果走流程返修既耽误时间又要扣发奖金，于是决定隐瞒情况、指挥焊工快速挖去错误焊材形成的焊缝，进行补焊与打磨。工作完成后，按照两天完成上述工作的方式修改有关焊接记录，并召集相关人员下达封口令。

不久之后该公司被举报，监管部门随即开展调查工作。在查证了上述事实，并发现公司质量控制和质量保证措施薄弱后，监管部门约谈该公司，并下达了以下监管要求：一是吊销了该公司反应堆压力容器制造资质，责令限期 6 个月进行整改；二是吊销了焊工的资格证书。

问题

1．该事件中哪些做法违反了质量保证要求？原因是什么？
2．应该采取哪些纠正措施？
3．该公司在核安全文化方面存在哪些问题？

分析要点

本案例主要考查《核电厂质量保证安全规定》（HAF003）中对程序、工艺过程控制、对不符合项的控制、纠正措施和记录等方面的原则要求，以及《核电厂质量保证大纲的格式和内容》（试行）新增章节“防造假机制/制度”的理解。

参考答案

1．（1）该事件中违反质量保证要求的做法有：

第一，焊材管理员、领料焊工和施焊焊工未按章操作、核实焊材。违反《核电厂质量保证安全规定》（HAF003）中“凡影响核电厂质量的活动都必须按适用于该活动的书面程序、细则或图纸来完成”的要求。第二，发现用错焊材后违规挖去焊缝，进行补焊与打磨，而未标识与隔离，且不开启不符合项，违反《核电厂质量保证安全规定》（HAF003）中“对不符合项的审查和处理”要求。第三，违反《核电厂质量保证安全规定》（HAF003）中“质量保证记录的编写”的要求，且不遵守公司的质保大纲及其记录相关程序，违规进行质量保证记录的篡改。第四，公司没有与时俱进，没有按照监管新要求建立防造假机制和加强造假高风险领域的管控。

（2）主要原因：

第一，焊接施工的管理制度和质量控制措施未落实，质保体系失效。第二，焊接施工人员责任心不强，疏忽大意，领错用错焊材。第三，公司管理人员对核安全缺乏敬畏之心，违规决策，存在侥幸心理，核安全文化淡薄。第四，人员培训不到位，特别是防造假培训未开展，公司普遍缺乏防造假意识。

2．应该采取以下措施：

（1）加强各岗位人员技能培训，强化操作规程培训，培育操作人员按章操作习惯。

（2）完善质量管理措施，强化质量管控，特别是加强关键工序的检查和巡视。

（3）培育核安全文化，开展核安全文化建设，培养员工“质量第一、安全第一”的观念，树立正确的核安全文化观。

（4）建立防造假机制，识别公司造假的风险，开展防造假培训，实施施工现场防造假管理措施。

3．该公司在安全文化方面存在以下问题：

（1）管理层自身安全文化素养差，带头违规作业，没有以身作则，没有发挥表率和示范作用。

（2）相关人员质量意识、安全意识、责任意识差，没有正确理解和认识各自的核安全责任。

（3）没有积极开展培训、评估和改进，没有提升员工综合技能，没有形成学习型组织。

（4）没有形成全面有效的管理体系，质量控制与质量保证执行不到位或相关制度不完善。

（5）对质量与安全问题的质疑、报告和经验反馈机制没有形成。

样题演练

背景材料

公司甲持有国家核安全监管部门颁发的民用核安全设备制造许可证，在承担某营运单位核反应堆的控制台屏、电气贯穿件（控制台屏和电气贯穿件均属核安全设备）加工制造任务中，将电气贯穿件转包给未取得相应许可证的公司乙加工制造，后被营运单位质保监查时发现此为私自转包。监查中还查出公司甲为应付营运单位的检查，出具伪造的电气贯穿件检验报告。营运单位向国家核安全监管部门报告了此次质量重大事件，公司甲和相关责任单位受到查处。

问题：

1. 在此次质量事件中，公司甲在哪些方面违背了《民用核安全设备监督管理条例》？

2. 在此次质量事件中，公司乙的活动如何违背了《民用核安全设备监督管理条例》？

3. “民用核安全设备”的含义是什么？包括哪两大类？

答：

1.（1）将电气贯穿件制造任务转包给未取得相应许可证的单位，违背了《民用核安全设备监督管理条例》禁止委托未取得相应许可证的单位进行民用核安全设备制造活动的规定。

（2）按上述条例要求，核安全设备制造单位应当提高核安全意识，确保民用核安全设备的质量和可靠性，要对设备的制造质量进行检验，未经检验或者经检验不合格的，不得交付验收。公司甲违背上述条例的要求，对电气贯穿件制造质量失控，且伪造质量检验报告，实属违法行为。

2. 公司乙未取得许可证擅自从事核安全设备的制造活动。

3. 民用核安全设备是指在民用核设施中使用的执行核安全功能的设备，包括核安全机械设备和核安全电气设备两大类。

第二部分

案例选编

案例1 切尔诺贝利核电厂事故

1986年4月26日，苏联的切尔诺贝利核电厂4号反应堆在按计划停堆进行检修之前，在做汽轮发电机甩负荷试验过程中，发生了堆芯熔化和大量放射性外泄的严重事故。

切尔诺贝利核电厂4号堆是1 000 MW级大型石墨管道式沸水反应堆，于20世纪70年代初设计，于1983年12月投入运行。此堆在设计上有两个主要的安全不利因素：①堆芯具有正气泡反应性效应；②控制棒挤水棒具有正反应性效应（控制棒下端连接着石墨制成的挤水棒，插入堆芯时，会引入正反应性）。这些负面效应早在1983年同类型的立陶宛依格纳里娜核电厂的反应堆上已被发现，有关设计单位也进行了研究并提出过改进方案，但没有引起管理机构的重视，因而没有采取任何措施，甚至没有把这方面的信息通告给各运行单位。

这次试验实施的准备工作极其草率，“实验大纲”并未严肃认真加以制定，“实验大纲”中的实施过程也轻描淡写，流于形式。“实验大纲”甚至还明确规定做实验时解除应急冷却系统的备用状态，以至于操作人员对实验中可能出现的各种异常情况都没有思想准备。

（1）计划停堆前，4号机组一直在额定参数状态下运行。4月25日凌晨1时，操作人员按照计划开始降低反应堆功率。13时05分，反应堆热功率降为1 600 MW，同时停止该机组的一台汽轮发电机。14时整，按“实验大纲”要求，为了防止实验过程中应急堆芯冷却系统动作，解除了该系统的备用状态。本应接着就开始做实验，但由于要响应电网供电要求，该机组继续运行。这样，4号机组在解除了应急冷却系统备用状态下运行，违反了操作规程。

（2）23时10分，再次降低反应堆功率。按照“实验大纲”要求，实验在反应堆热功率为700～1 000 MW的条件下进行。但是，根据操作规程解除自动调节系统后，操作人员不能有效地调节功率，结果，反应堆热功率直降至30 MW以下。直到1986年4月26日凌晨1时，操作人员才把反应堆热功率稳定在200 MW。由于反应堆处于“中毒”过程，并且堆内可利用的剩余反应性小，未能进一步提升反应堆热功率。此时，反应堆已经处于难以控制的状态。尽管如此，管理层仍决定冒险进行实验。

（3）反应堆在低功率下运行，造成了汽水分离器中蒸汽压力和水位的下降。操作人员试图用手动调节来维持汽水分离器中蒸汽压力和水位，但未能达到目的。为了避免蒸汽发生器中蒸汽压力与水位的低值停机停堆，而强行继续实验，操作人员解除了这两个参数的事故保护信号。

（4）1时03分和1时07分，分别启动两个环路各一台备用给水泵，连同一直在运行中的6台主泵，8台给水泵全部投入运转，1时19分，又调节加大给水流量，才抑制住了水位下降趋势。此时，给水流量加大至额定值的4倍。这又是违反操作规程的，因为给水流量过大，会引起泵的汽蚀，从而导致振动和损坏。

（5）当汽水分离器中较冷的水进入堆芯，蒸汽产量明显下降，堆内体积含汽量减小。此状态下的正气泡反应性，使堆芯引起负的反应性效应，因而引起自动调节棒提升，数十秒内，自动棒提升到上终端位置。为了维持反应堆在200 MW功率下运行，操作人员不断提升手动棒，堆芯内控制反应堆的能力不断减少。按操作规程规定，至少应有30根控制棒留在堆芯内，但这时仅有6～8根棒留在堆内。操作人员已从反应堆快速计算程序打印的结果中看到了这一情况，理应立即停堆，但却开始实验。

（6）1时23分04秒，该机组的8号汽轮发电机的紧急截止阀关闭以停止向汽轮机供汽。此时，该机组的两台汽轮发电机都已解列（7号汽轮发电机已在4月25日停止）。按系统设置，反应堆将自动停闭。但操作人员考虑，如果第一次试验失败，可以准备再次重复试验，决定解除停机的停堆保护信号，反应堆继续在约200 MW热功率下运行。在“实验大纲”中没有这样的做法，他们再次偏离了实验计划。

停止向汽轮机供汽，又停掉4台冷却水泵，使得堆内蒸汽产量增加，反应性增加引起自动调节棒下插。1时23分31秒，自动棒已补偿不了堆内含汽量提高引起的反应性增加，反应堆功率急剧上升。1时23分40秒，值班长下令按下紧急停堆按钮，使所有控制棒插入堆芯。由于大多数控制棒高悬于堆芯之上，在初始插入时因前面所述的挤水棒正反应性效应与当时反应堆内的正气泡反应性和正功率反应性效应相结合，导致堆功率剧增。事后通过计算得出堆功率值在40秒内达到满功率的100倍。

大约在1时24分，相继发生两次爆炸（间隔2～3 s），浓烟烈火直冲天空，高达1 000多m。火花溅落在反应堆厂房、发电机厂房等建筑物屋顶，引起屋顶起火。同时由于油管损坏、电缆短路以及来自反应堆的强烈热辐射，引起附近区域30多处大火。

苏联有关部门及时有效地组织了控制事故和消防事故后果的工作。大火于26日晨5时被扑灭。向毁坏的反应堆投掷堆积了碳化硼、白云石、铅、沙子、黏土等材料约5 000 t，用以封闭反应堆厂房和抑制裂变产物外逸。1986年11月在4号堆废墟上建起了钢筋和混凝土构成的密封建筑物，把废堆埋藏在里面。对切尔诺贝利核电厂厂区和周围地区土地进行放射性污染清理。参加消除事故后果的总人数达20万之多。1986年4月27日至8月从切尔诺贝利核电厂周围地区（约30 km半径）疏散了116 000名居民。

在切尔诺贝利事故中，有237位职业人员受到有临床效应的超剂量辐照。其中134人出现急性辐射病征兆，其中28人在3个月内死亡。另外，2名工作人员在爆炸事故中直接死亡。

在1986—1987年参加事故后果处理的20万人员接受的平均剂量约为100 mSv。其中约10%人员受到的剂量为250 mSv，少数人员受到的照射剂量大于500 mSv。事故后从禁区（约半径30 km）撤离的116 000名居民在疏散前已受到辐照，其中约10%的人受到的剂量大于50 mSv，少于5%的居民受到大于100 mSv的辐照剂量。

白俄罗斯、乌克兰和俄罗斯放射性污染最严重的地区居住的居民，在此后70年内，平均年照射剂量为 2.3 mSv（与全球平均本底辐射剂量 2.4 mSv 相当），北半球各国受此事故影响最大的平均个人剂量为 0.8～1.2 mSv。

〔资料室提供〕

自我演练:

☆ 问题：

☆ 答案：

案例 2 三哩岛核电厂事故

三哩岛核电厂事故的起因是二回路给水泵故障停运，造成一个失去主给水的预计运行事件。失去主给水后，一回路压力升高，迫使反应堆自动停堆。自动启动应急给水泵，但因前段时间检修时，误关闭了全部应急给水管道上的阀门，进而形成失去全部给水的事件。压力的继续升高，使稳压器的卸压阀开启，但当一回路压力回降到卸压阀应当关闭的整定值时，卸压阀故障卡在开启位置，使一次冷却剂继续经卸压阀流至卸压箱，形成一个（稳压器）汽腔小破口失水事故。在事故后 8 分钟，操作员发现蒸汽发生器蒸干了，检查后发现了应急给水阀门的关闭状态，操作员打开了这些阀门，一回路热管段与冷管段开始有了温度，证实应急给水已送至主蒸汽发生器。实际上，这 8 分钟内没有应急给水并没有产生显著的影响，此后的事故过程主要是由卸压阀卡开造成的一回路小破口失水事故所主宰的。

当一回路系统压力降至 110 bar（1 bar=100 kPa），自动触发紧急堆芯冷却系统高压安注将含硼水注入一回路系统。此时，稳压器液位继续上升，随后的分析表明，稳压器液位上升是由于冷却剂受热及沸腾造成的膨胀。操纵员认为高压安注增加了一回路水装量，就减小了高压安注的流量。

实际上，此时从卸压阀流失的量大于注入的补给量，使反应堆一回路压力继续下降。当一回路压力降到冷却剂饱和压力以下时，反应堆堆芯冷却剂开始汽化，形成气泡。

在事故发生后 74 分钟及 100 分钟，由于汽-水混合的汽蚀现象作用，一次冷却剂主泵发生强烈振动，为保护主泵，操纵员先后关闭了环路 B 及环路 A 的主泵，以防止泵及相连的管道受到严重损坏。然而，泵的停运使系统中的蒸汽和水分离，中止了一回路中的循环，而且再要使主泵转起来变得十分困难。

事故发生 110 分钟后堆芯燃料元件开始裸露，温度升高。

事故发生 138 分钟后操纵员发现了卸压阀卡开，将与其下相连的截止阀关闭。反应堆一回路压力开始上升。

操纵员所见到的卸压阀开闭状态的指示是不明确的，操纵盘上的指示灯表示电磁线圈已动作，但没有阀杆位置的直接指示。在此阀门下游的高温本可以说明阀门的情况，可又被原来存在的泄漏弄混了。操纵员是细微地比较当时与平时卸压阀下游的温度才得出正确的判断的。但操纵员没有明确此时堆芯严重缺水，没有加大高压安注，使事故中止。

事故发生 175 分钟后宣布厂区处于应急状态，在冷却剂下泄系统测到放射性。此时，相当一部分燃料元件已裸露，并处于高温状态，使得燃料元件损坏，挥发性裂变产物释出，并产生氢。

在此后一段时间内操纵员企图重新启动主泵，环路 B 的泵也启动了起来，但仅工作了 19 分钟，后因汽蚀及振动警报而又停运了。

事故发生 200 分钟后一直到 420 分钟时间段内在关闭卸压截止阀状态下，再次投入高压安注，操纵员企图以此增加系统压力，挤塌气泡，而使主循环泵恢复运行。效果是主泵没有运行起来，但堆芯得到淹没，使燃料元件升温得到中止。在上一阶段，堆芯至少有 1.5 m 裸露了大约 1 小时，这是堆芯受到主要损坏的时期。此时期内，发生了强烈的锆-水（汽）反应，产生大量氢气，同时有大量气体裂变产物从燃料释放到反应堆冷却剂系统中，安全壳内放射性急剧上升。

事故发生 7 小时 38 分钟后操纵员打开卸压截止阀，关小高压安注，操纵员企图以降低系统压力的方法，使安注箱动作带走堆芯的衰变热。这些措施使系统进一步失去冷却剂引起第二次裸露。这一次裸露时间较短，与这一次堆芯裸露相比，燃料达到的温度低得多。

事故发生 8 小时 41 分钟后压力达到 41 bar，即安注箱充气压力，安注箱开始注水。但由于压差小，注水流量极小。但操纵员却认为安注箱注水后堆芯是充满的。

事故发生 9 小时 50 分钟后在减压过程中，反应堆窗口内大量的氢释放至安全壳，于是发生一个安全壳压力脉冲，安全壳喷淋工作 6 分钟，这是部分区域氢（与空气混合物的点火、氢爆）所造成的。

减压至 30 bar，系统压力就再也降不下去了。这是因为系统中压力与温度是联系在一起的，打开卸压截止阀，只能使冷却剂继续流失。操纵员毫无办法使系统降压至 28 bar，在此条件下才能启动低压安注。

事故发生 11 小时 08 分钟后操纵员又关上了卸压截止阀，但没有加大高压安注流量。此后 2 小时内，安注箱停止注水，高压安注处于低流量，蒸汽发生器不循环，总体来说没有任何手段去排除衰变热。在此条件下发生第三次堆芯裸露，这次裸露持续时间长，燃料元件再次达到很高的温度。

事故发生 13 小时 30 分钟后操纵员在稳压器卸压截止阀关闭状态下，加大高压安注流量，还是企图使主泵运行。这使得堆芯冷却剂装量增多，结束第三次裸露。

事故发生 15 小时 51 分钟后成功启动环路 A 的一台主循环泵，热管段温度下降到 293℃，冷管段温度上升到 205℃，表示有流体经过蒸汽发生器。反应堆冷却剂系统还有能力带出衰变热。

至此压力壳内储有 28 m^3 气体，其中主要是氢，这些氢逐渐地在 1～8 天内通过卸压阀控制管排出。为降低安全壳内氢的浓度，氢复合系统投入运行。

1 个月后，主泵停止运行，因主泵发热 4～5 MW 已超过此时的衰变 2 MW，用自然循环方式继续带出堆芯释热。

3 次堆芯裸露，锆包壳总量中有 30%～40%被氧化，堆芯上部 1/3 严重损坏，燃料元件峰值温度可能达 2 000℃，堆芯流动阻力增加到正常值的 200～400 倍。

燃料产生的放射性惰性气体有 30%～40%释放出来，有 10%～15%的碘、锶、铯从燃料中释放出来。但由于安全壳的包容作用，释放至环境的放射性物质不多，在 80 km 范围内 200 万居民受到的集体剂量当量约 20 人 • Sv，最大个人剂量小于 1 mSv。该核电厂工作人员受剂量多的 3 名工作人员分别受到 38 mSv、34 mSv、31 mSv 的照射，这些数据表明三哩岛核电厂堆芯严重损坏事故造成的辐射影响是很小的。

〔资料室提供〕

自我演练：

☆ 问题：

☆ 答案：

案例 3 某核电厂全部丧失安全厂用水事件

某核电厂在安全厂用水（SEC）系统鼓型滤网检修工作后恢复在线的过程中，在一条暗渠进口隔离阀没有打开的情况下，错误地关闭了另外一个暗渠的闸板，导致 SEC 系统全部丧失，以至于进入了对付超设计基准工况的 H2 规程。由于反应堆处于正常冷停堆状态，事件没有导致严重后果。

事件后调查情况如下：检修工作是委托承包商的工作人员完成的，没有明确的指令要求，承包商的检修人员在没有得到主控制室指令的情况下擅自采取了行动。

（俞尔俊提供）

自我演练：

☆ 问题：

☆ 答案：

案例 4 某实验反应堆燃料试验元件熔化事故

某日，某实验反应堆在满功率运行，试验回路中考验着 UO_2 燃料元件。8 时 50 分，回路值班员 X 发现试验回路流量指示偏高，就去调节试验回路的出口阀。为了运行中降低电能消耗，把回路循环泵旁路阀关死，仅用出口阀调节，出口阀调节十分灵敏，仅 1/8～1/4 圈就能满足运行要求。为使调节过程中不发生低流量停堆，值班员 X 闭锁了低流量停堆信号。值班员 X 调节出口阀，但未见流量下降。8 时 52 分，值班员 X 监视着流量指示，让值班员 Y 再调出口阀。此时，元件破损监测仪亮起红灯，剂量值班室及试验回路工艺厂房发生剂量警报信号。8 时 54 分，值班长与值班员 X、值班员 Y 一起检查情况。检查结果：（1）流量仪表失灵（事后发现仪表内一功率放大管灯丝已烧断）；（2）试验回路出口水温升高，超过事故值；（3）试验回路进出口水温差升高，出现异常值；（4）试验回路压力升高，出现异常值；（5）元件破损监测和 γ 辐射指示超满量程，超过事故值。判断为 UO_2 试验元件出了问题，于是值班长手动紧急停堆，并对回路作了降温降压处理。事故造成了向环境的放射性释放，并使处理事故的工作人员受到相当大的集体剂量，并停产检修，造成重大经济损失。

（俞尔俊提供）

自我演练：

☆ 问题：

☆ 答案：

案例 5　核电厂主给水系统隔离安全设计案例

核电厂主给水系统隔离设计的安全功能主要是：在一些事故工况下（如蒸汽发生器传热管破裂事故）隔离主给水以防止向蒸汽发生器连续供水。

常见的主给水设计方案有下列三种配置：

方案 A：安全级安全壳自动隔离阀+非安全级主给水调节阀和隔离阀+电动或汽动给水泵

方案 B：安全级安全壳隔离逆止阀+非安全级主给水调节阀和隔离阀+电动给水泵

方案 C：安全级安全壳隔离逆止阀+非安全级主给水调节阀和隔离阀+汽动给水泵

这里，应说明无论哪种设计方案，在主蒸汽管道上均设有安全级的蒸汽隔离阀。

三种配置对适用事故的隔离有效性需进一步考虑。

〔俞尔俊提供〕

自我演练：

☆ 问题：

☆ 答案：

案例 6 美国 Browns Ferry 3 控制棒插入故障案例

1980 年 6 月 28 日，沸水堆 Browns Ferry 3 在一次手动停堆时，185 根控制棒中有 76 根未能全插入堆芯。幸而该事件发生于 35%额定功率运行状态，未发生危及安全的后果。

Browns Ferry 3 控制棒是水力驱动的。在停堆时，较高压的水给予驱动活塞的底部打开停堆入口阀，在活塞之上打开停堆出口阀，以释放水与压力，并使控制棒向上插入堆芯。由 185 套控制棒驱动机构排出的水收集于分隔的两个联箱——称之为停堆排放箱。停堆排放箱内的水又经过连接管持续地排至排放辅助箱。因此，在正常情况下，停堆排放箱总是空的，随时准备接受控制棒驱动机构排放的水。

检查与分析表明，此次控制棒插入故障的发生，缘起于停堆排放箱与排放辅助箱之间的连接管被异物堵塞。这使得停堆排放箱中的水未能及时排出，实施停堆时，驱动活塞上面的压力不能释放，阻止了控制棒向上移动。

（俞尔俊提供）

自我演练：

☆ 问题：

☆ 答案：

案例 7　核燃料元件厂更换阀门引致的六氟化铀泄漏事件

某日，某核燃料元件厂流化床六氟化铀还原实验现场，正在给六氟化铀料瓶升温。温度升到 82℃时，开始开瓶输料。2 小时左右后，发现料瓶真空弹簧阀门的弹簧处漏气，于是关闭阀门，将加热水温度降到 35℃。约 30 分钟后，一名工程师与当班人员商量后，决定更换阀门。当将漏气阀门的 4 个螺钉卸下，用螺丝刀撬开阀门时，大量的六氟化铀气体冲出，弥漫整个房间，现场工作人员被迫撤离。在佩戴防护面具后，轮流冲入房间内，强行安装阀门，但由于烟雾过大没能完成，于是切断电源，关闭了氢气，退出现场。室内的气体由三楼排风筒排出，白色浓雾随风向西北方向漂移约 30 分钟，事件后约 70 分钟室内烟雾才消散。

事件导致料瓶内六氟化铀外泄约 90 kg，总放射性活度约 9.74×10^{8} Bq。由于缺乏必要的环境监测措施，导致无法对事件的环境后果进行评价。

〔汤搏提供〕

自我演练：

☆ 问题：

☆ 答案：

案例 8　核燃料厂 $Pu(CO_3)_2$ 夹带逸出事件

某年，某核燃料厂钚生产线两名操作工人，在没有向辐射防护人员报告，因而没有监测监督，同时没有采取任何防护措施的情况下，在钚生产主工艺厂房低安装厅更换 34 压搅、04 压搅等 4 台过滤器芯。第一次两人分别更换了两台过滤器芯，没有发生意外。当两人分别更换 34 压搅、04 压搅过滤器芯时，发现 34 压搅过滤器芯脱脂棉已炭化，且有糊状物，怀疑还有钚料，于是用手（戴有双层乳胶手套和一层线手套）将炭化脱脂棉及糊状物装入塑料袋，并用干净脱脂棉擦拭了过滤器腔体，随之更换了过滤器芯。

工作完毕后，两名工作人员将所产生的废物全部用塑料袋包装，放入废物暂存间，$Pu(CO_3)_2$ 放射性就夹带了出来。在卫生闸门处对衣服、口罩和面部进行 α 表面污染检查，发现有较严重的 α 污染，最高处超过监测仪表最大量程。收留两名工作人员所戴口罩进行钚含量分析，一人为 7.76×10^5 Bq，另一人为 7.14×10^4 Bq，根据口罩钚含量推算出工作场所钚气溶胶浓度达 1.6×10^4～1.5×10^5 Bq/m^3，超出导出空气浓度（8×10^2 Bq/m^3）的 2×10^2～2×10^3 倍。

〔汤搏提供〕

自我演练：

☆ 问题：

☆ 答案：

案例 9 核燃料元件厂四氟化铀泄漏事件

某年，某核燃料元件厂一工段干燥炉的操作人员发现 16 号干燥炉出料减少，遂与其师傅商量，决定拆开干燥炉检查。当操作人员打开炉尾检修孔盖板时，突然一声响，大量四氟化铀粉末喷出。观察发现大量的四氟化铀粉末已将研磨机上部全部堵死，且顺着炉尾检修孔往地面泄漏。泄漏的四氟化铀四处飞扬，对面看不清人。而且，厂房大门敞开着，泄漏的四氟化铀约有一半被风吹走。

事件后经估算，从炉尾检修孔跑出的四氟化铀粉末约 40 kg，总放射性活度为 6.74×10^{8} Bq，污染面积达 10 m^2。由于事件发生后操作人员未能有效地采取防护措施，本次事件所致最大个人待积有效剂量当量为 0.03 Sv，集体有效剂量当量为 3.01×10^{-3} 人 · Sv。

〔汤搏提供〕

自我演练：

☆ 问题：

☆ 答案：

案例 10 铀浓缩厂放射性物质泄漏事件

某年，某铀浓缩厂回收再生工段在处理清洗主机的废液时，发生了放射性污染事件。该工段的工艺是，真空槽利用真空从计量槽吸取溶液并转入去碳器，在去碳器中加酸加温进行去碳，再转入下一步处理。事件发生时一名操作人员将真空槽中的 190 L 溶液转入去碳器，但在去碳器中只发现 20 L 溶液，该名工作人员没作报告便让其他人员又送来 160 L 溶液（因去碳器一次循环需要 180 L 溶液），但转入去碳器后仍然不够 180 L。为此查找原因，认为是溶液流至事故槽引起的。再次送 110 L 溶液至去碳器后，仍发现溶液流失，向去碳器中加入几桶水后仍流失，这时才想到可能是设备故障，报告了工段。经过对设备解体检查，发现去碳器器壁严重腐蚀（去碳器多年未检修和进行水压试验），并有穿漏，转入去碳器的溶液从穿漏处漏到去碳器夹套后流至工业下水，随工业总下水管排入河流。

本次事件共泄漏主机清洗废液 460 L，总铀量 170 g，放射性总活度 4×10^7 Bq。

（汤搏提供）

自我演练：

☆ 问题：

☆ 答案：

案例 11 核化工厂过量吸入硝酸钚事件

某年，某核化工厂二工段（铀钚共去污工段），某学徒工等 6 人到取样廊 10 号取样柜（有 1 BP 硝酸钚取样点）进行清洗去污，在Ⅱ区闸门只向防护人员要了袖珍式个人剂量计，未要求防护人员的配合和监测，也未向车间报告，就进行工作。在工作过程中，该学徒工违反安全规定，未采取合理的防护措施，就进入取样柜。工作完毕后，该学徒工的工作服和手部均被污染，所佩戴的袖珍式个人剂量计读数为 2.1×10^{-4} C/kg，其余几人的读数小于 2.1×10^{-5} C/kg。次日测量该学徒工手部 α 表面污染水平为 3.34 Bq/cm^2，第六天才清洗干净，去医院检查，发现尿液中钚含量异常（据查该学徒工曾将头部钻进取样柜内工作，所戴口罩未经密封处理）。

（汤搏提供）

自我演练：

☆ 问题：

☆ 答案：

案例 12 核化工厂二氧化钚洒落事件

某年，某核化工厂工艺人员在完成 PuO_2 合杯入库操作中，未把 209 号杯盖子拧紧，在转移过程中部分 PuO_2 粉末洒落在耳室中。在场的其他工作人员发现后，便呼叫：“洒落啦！”这导致转料人员着了慌，使更多的 PuO_2 洒落。洒落的 PuO_2 粉末为 986.2 g，回收了 934 g。

该次事件导致参加事件处理的人员受到照射和不同程度的内污染，集体剂量当量为 3.9 人 • Sv，最大个人受照剂量为 3.2 Sv。

（汤搏提供）

自我演练：

☆ 问题：

☆ 答案：

案例 13 核化工厂量槽间钚料液泄漏事件

某年，某核化工厂钚线工段代班班长在操作 S-438 时，不慎错开阀门，将 S-438 的钚料液压到三楼量槽间，料液从两个管道过滤器两侧泄漏到地面。随后叫辐射防护人员监测表面污染，但当班人员业务不熟练，本该进行 α 测量，却进行了 β 测量，误认为表面污染不高，采取一般去污措施即可。因此用拖布擦洗污染表面，导致污染面积扩大到 150 m^2。

事件导致料液泄漏量约 12.75 L，估计放射性总量为 2.96×10^9 Bq。

〔汤搏提供〕

自我演练：

☆ 问题：

☆ 答案：

案例 14 核燃料厂 ^{131}I 泄漏事件

某年，某核燃料厂工艺操作人员在对第 17 批辐照并经冷却的天然铀元件（反应堆辐照后的燃料元件应至少在水池中冷却 90 天，一般为 200 天，由于管理不到位，人员责任心不强，混入了 13 根冷却时间很短的热铀元件）加酸溶芯时，FJ-321 γ 报警仪 24 号探头突然报警，随后剂量值班人员赶赴现场监测有关设备，发现 S-636、S-637-1/-4 和 S-639 等设备表面 γ 照射量率较高（报警点的工艺情况是，溶解热铀元件时，产生的尾气中含有放射性气体、气溶胶和大量氮氧化物，为了减少氮氧化物对大气的污染，增加了尾气回收硝酸工艺，将原设计的碘吸附器改为玻璃纤维过滤器）。根据上述监测结果，认为有大量放射性物质进入了该系统。开始误认为是 1AF 料液串入了该系统，将回收已无法利用的硝酸倒空，清洗被污染的设备，γ 照射量率迅速下降。

当天后续班组投入了第 18 批料后加酸溶芯，各设备表面的 γ 照射量率再次迅速升高，比正常值高了 3～4 倍。

从监测数据发现几个现象：γ 照射量率逐渐升高，然后下降，形成一个峰值；没有液体积存的设备 γ 照射量率较低；用压缩空气搅拌时，表面 γ 照射量率迅速下降；液体倒空后，设备表面的 γ 照射量率也迅速下降。因此，初步判断为易挥发的放射性物质或放射性气体导致，估计是 ^{131}I。取样分析证明了确实是 ^{131}I 污染事件。

事件后估计，有 2.6×10^{13}～3.0×10^{13} Bq 的 ^{131}I 排入大气，参与事件调查和处理的 40 人 γ 外照射集体剂量当量为 0.19 人 • Sv，个人最高剂量当量为 0.03 Sv，工作人员吸入了 ^{131}I。事件初期临时决定撤出了厂区哺乳室的幼儿。

（汤搏提供）

自我演练：

☆ 问题：

☆ 答案：

案例 15 核燃料厂运输废旧过滤器跌落事件

某年，某核燃料厂将更换下来的 S-004/1 过滤器连同检修容器吊上专用汽车，准备运往 728 废物库。在核燃料生产的头几年，废旧过滤器运输均采用钢丝绳固定，由于未发生过问题，为了省事省时，便不用钢丝绳固定。机动科、安防科多次提出运输废旧过滤器要用钢丝绳固定，但有关工作人员仍不执行。由于以前发生过过滤器运输过程中放射性废液泄漏事件，机动科编写了过滤器安全检修规定，但一直没有发到有关部门。在运输途中汽车行驶速度较快，当行至距 728 废物库 200 m 处时，检修容器从车厢右后侧滑落地面，检修容器底盖与容器壳连接处螺帽掉落，容器壳与底板分开，过滤器中的高放混合裂变废液随即流出污染地面。

事件后估计放射性物质的总泄漏量约为 7.8×10^{9} Bq，污染面积 40～50 m^2。参与事件处理的人员共 13 人，集体剂量当量为 0.12 人 • Sv，个人最大剂量当量为 0.02 Sv。

〔汤搏提供〕

自我演练：

☆ 问题：

☆ 答案：

案例 16 核化工厂 1A 料槽泄漏事件

某年，某核化工厂厂房三控中的γ多道报警器低厅、高厅、量槽间、取样廊和排风过滤器廊的所有监测点同时报警，排入附近河流的下水管道附近γ照射量率为 5.2×10^{9} C/（kg·s），管口水样分析β放射性浓度为 1.82×10^{8} Bq/L。

事件发生的原因是，某月某日完成全年生产任务后，对设备进行清洗。在清洗倒空过程中，没有严格遵守工艺操作规程，用的压力过猛，使 1A 料槽液顺着高厅管道经低厅管道串到量槽间。而量槽间在做脉阀实验时，接了一个聚乙烯临时管道，该管道并未接牢，串料顶开了该管道，进入地漏，顺着下水管道到取样廊和排风过滤器廊，然后排入附近河流。

事件发生后估计排入附近河流的放射性总量为 3.33×10^{11} Bq。附近河流河水的总β放射性浓度突然升高，大约 10 天后才接近正常水平。

（汤搏提供）

自我演练：

☆ 问题：

☆ 答案：

案例 17　核化工厂铀线设备间泄漏事件

某年，某核化工厂 γ 多道报警器的监测点 Y-227/3 和 Y-023/1，2，3 同时发出报警，值班人员立即到现场监测，测得 227A 房间 TBP-OK 有机溶剂废液泄漏处的 γ 照射量率为 1.8×10^{-6} C/（kg・s），229A 设备间的料液泄漏处的 γ 照射量率为 2.3×10^{-6} C/（kg・s），过滤器处的 γ 照射量率为 1.8×10^{-5} C/（kg・s），025 设备间料液泄漏处的 γ 照射量率为 3.3×10^{-7} C/（kg・s），随后值班人员报告了工艺和分厂负责人。

事件的起因是铀的二、三循环操作失误，致使含裂变产物的 TBP-OK 有机溶剂废液从二、三循环串到 229A 设备间，因压力过大，把过滤器垫圈压坏，有机废料泄漏到地面，从 229A 室门槛流到 227A 室，再经过 227A 室地漏流入 025 室，经特下管线，最后流到中和池。

事件共计泄漏料液 164 L，总放射性活度 1.2×10^{11} Bq，229A 全室被淹没（8 m^2），污染 227A 室地面约 3 m^2，025 室地面约 0.5 m^2。

参加事件处理的人员有 64 人受照，集体剂量当量为 0.43 人・Sv，剂量当量大于 15 mSv 的有 2 人。

〔汤搏提供〕

自我演练：

☆ 问题：

☆ 答案：

案例 18 放射性同位素运输中丢失 ^{32}P 事件

某年，某研究院司机和押运员负责向用户发送有载体 ^{32}P（磷酸氢二钠）溶液、胶体 ^{32}P、^{125}I（NaI）溶液及皮质醇等 9 件放射性同位素货包。途中曾有搭车送人、停车取物及与小贩搭讪等过程，到某医院卸货时，押运员发现货包有松动，经整理后继续往某大学技术物理系和某农业大学送货。当取某农业大学的有载体 ^{32}P 时，发现 05755 编号铅罐丢失，内有 8.29×10^{8} Bq 活度载体 ^{32}P。推测为途中颠簸丢失，但回程并未找到，经与所内有关人员核实，确认货包已出货。

随后向主管部委安防局、科技核电局、当地市公安局和市卫生防疫站作了汇报，并派人携带辐射监测仪表沿途探察。虽经多方查找，但始终没有找到丢失的货包。

〔汤搏提供〕

自我演练：

☆ 问题：

☆ 答案：

案例 19　放射性 KCl 样品运输中的表面污染事件

某年，某研究院用同位素车将反应堆辐照后的 KCl 粉末样品运往某机场，准备空运至某研究所。样品封装在 8 只石英玻璃管中，每 4 只装在一个铅罐里（该所对零星辐照试验样品生产组织不严密，岗位责任制不健全，检验不严格，如对产品内包装既无规定，也无检验机构。包装人员工作马虎，未将铅罐塞子用压板锁紧，而运输人员并不了解放射性物质货包的具体情况），放射性总活度为 2×10^{11} Bq，主要放射性核素为 ^{35}S 和 ^{42}K。运输途中，车辆通过一段扩修路面，颠簸严重，而铅罐在车厢内未采取任何固定措施。到达机场货运室准备办理托运手续时，发现一个铅罐倒在车厢内。运输人员立即上车检查，并将另一个未翻倒的铅罐搬下车检查，发现其包装不符合民航运输要求，决定不发运，开车返回本院。

这次事件运输途中铅罐翻倒时，压板移位，铅塞脱落，封装放射性样品的石英玻璃管掉出并被挤碎，导致运输途中放射性物质包装破损，污染了车厢。车到机场货运室外后，运输人员几次上下车检查，将 ^{35}S 带至路面，再经机场人员来回走动，将污染扩散。污染总面积 200 m^2，放射性总活度为 3.51×10^7 Bq。

〔汤搏提供〕

自我演练：

☆ 问题：

☆ 答案：

案例 20 放射性废物运输中的表面污染事件

某年，某研究院同位素生产单位处理固体放射性废物。在用废物运输专用车将 15 号钴源热室的强放射性固体废物运往废物库的过程中，由于采用固定框架需要较多操作，操作人员怕麻烦，因而铅罐没有固定，同时行车车速也较快。车至某桥头附近的拐弯处时，盛装放射性废物的铅罐从车厢右侧翻落至地面，铅罐塞脱落，放射性物质洒落于水泥路面。洒落的放射性核素主要为 ^{60}Co，放射性总活度约 3×10^9 Bq，污染面积约 50 m^2。

〔汤搏提供〕

自我演练：

☆ 问题：

☆ 答案：

案例 21　美国橡树岭 Y-12 工厂的意外临界事件

该工厂的任务是用高富集度的铀制造核部件。事件发生在从废碎屑中回收高富集度铀的工段内，回收溶液贮存在一组几何良好的容器内。事件发生时间是 1958 年 6 月 16 日。

在物料盘存过程中，一组贮存容器被放空、拆开和清洗。在重新连接后，用水对它们进行检漏，然后将水排入一个 208 L 的桶内。在做检漏前，来自配楼内的硝酸铀酰溶液通过一个阀门渗入了贮存容器底部的连通母管和一个贮存容器中，而该阀门的作用是将这些贮存容器和上游隔离开来。这样，当检漏水排入桶中时，硝酸铀酰溶液也一起被排入，而贮存桶并非几何良好的容器。

当 56 L 溶液中约有 2.1 kg 的 ^{235}U 时，发生了临界反应。直到检漏水将其稀释到次临界前的大约 2.8 分钟内，发生了一系列的闪变，估计为 1.3×10^{18} 次裂变。在发生首次闪变时，一个操作人员正在桶旁，他观察到蓝色闪光，几乎在瞬间，临界报警响起，厂房内的人员被疏散，但仍有 5 人受到严重辐射，另外 3 人也受到了一定程度的辐射。

该次事件后，管理上的响应是编写出书面的操作规程，对设施进行全面的事故分析和临界评价，以及任命应急响应小组。同时采取措施将含裂变材料的转移线确实断开，而不仅仅是通过阀门隔断。

（汤搏提供）

自我演练：

☆ 问题：

☆ 答案：

案例 22 美国汉福特 Recuplex 工厂的意外临界事件

该设施用于从各种工艺过程中回收钚。意外临界发生于 1962 年 4 月 7 日，在一个大型手套箱内的一个溶液萃取区域。

当时正在进行一次正常的清洗操作，清洗后的液体被吸到一个容积为 69 L、直径为 45.7 cm 的容器内。该容器通常用于贮存一种稀萃取残液，以用于二次回收。随着清洗操作的进行，浓缩液从几何次临界的贮槽中溢出，通过一条用于清洗操作的临时管线吸入这个 69 L 的容器。当容器中液体达到 46 L、含有 1.4～1.5 kg 钚时，意外临界发生了。

在 37 小时中总共发生了约 8.2×10^{17} 次裂变，初始脉冲接近 10^{16} 次裂变，伴有蓝色闪光，并触发了临界报警，人员迅速撤离了该区域。事件发生时厂房内共有 22 人，只有 3 名在附近操作的人员受到了较强的辐射照射［分别为 110 rem、43 rem 和 19 rem（1 rem=10^{-2} Sv）］。临界导致了溶液的沸腾，直至最终蒸发掉足够的水后反应才停止。

（汤搏提供）

自我演练：

☆ 问题：

☆ 答案：

案例 23　美国伍德河杰克逊工厂的意外临界事件

事件发生于 1964 年 7 月 24 日，杰克逊工厂从事从残屑中回收高富集度的铀的工作。

由于工厂一直没有开工，导致低含铀的三氯乙烷溶液越积越多。曾通过手工搅拌三氯乙烷溶液和碳酸钠溶液来回收所含的少量铀，由于操作繁重，临时准备了较方便的方法，即采用原来设计只用于配制碳酸钠溶液的直径为 45.7 cm 的配料槽进行处理。但车间主任和 3 个值班长都不知道该如何去操作。当时，另有一部分高浓度的 ^{235}U 溶液贮存在一个直径为 12.7 cm、容积为 11 L 的瓶中，该瓶与装污染过的三氯乙烷溶液的瓶子完全一样，结果该溶液被错当成三氯乙烷溶液倒入配料槽中。顷刻发生约 10^{17} 次裂变，意外临界产生的冲击波将操作者当场击倒在地，并伴有闪光和溶液溅出槽外，受害者于 49 小时后死亡。

由于有部分溶液从槽中溅出，同时配料槽的搅拌器开着，所以溶液没有产生后续的闪变。但是，第一次闪变的两个小时后，两名操作人员又进入了该区域并停掉了搅拌器，结果导致了第二次临界事件发生，这两人受到 60～100 rad（1 rad=10^{-2} Gy）的照射。随后两人重新开启了搅拌器，并将配料槽排空。由于第一次临界后报警器一直在响，第二次临界并没有被探测出来，但通过中子照射的证据证明已经发生了第二次临界。两次临界总共发生了约 1.3×10^{17} 次裂变。

事件后，对设施进行了深入的评价，修改了操作规程和应急规程、临界限值和控制、铀的衡算和物料平衡、辐射防护程序、培训程序等，并且将已设计好的从三氯乙烷溶液中回收铀的先进设备投入使用。

（汤搏提供）

自我演练：

☆ 问题：

☆ 答案：

案例 24 英国温茨凯尔工厂的意外临界事件

该事件发生于 1970 年 8 月 24 日，是英国核工业开始运转以来发生的首次意外临界事件。

该设施用于从各种残渣中回收钚，临界发生在物料转运过程中。当时含硝酸钚的磷酸三丁酯/无味煤油溶剂溶液正通过提升罐由处理槽转移至计量贮槽，临界报警器鸣响。裂变产物放射性的测量表明临界发生在转运罐中，该罐中共有含有 2.5 kg 钚的 40 L 溶剂和 50 L 水溶液。随后的实验和计算表明，当该物料体系存在乳化层时比该体系静止并分相后具有更高的反应性，临界的停止是在约 5 秒后乳化层消失时。水溶液的来源没有确定结论，可能来自萃取柱的再循环水相萃残液。

事件没有为工作人员带来明显的辐射照射。

通过对事件的调查，建议在非几何安全的容器上安装中子监测器，并列表规定需要完全排空的工厂设备。

（汤搏提供）

自我演练：

☆ 问题：

☆ 答案：

案例 25 美国爱达荷化学处理厂的意外临界事件

该事件发生于 1978 年 10 月 17 日，事件是在从废弃溶液中回收高浓铀的第一循环溶剂萃取系统中发生的。当进入水相洗涤液中的硝酸铝溶液浓度逐渐降低时，柱底部的铀浓度增加到了 21～22 gU/L，在洗涤柱中铀的质量显著增高，导致柱底部发生临界，产生了约 2.7×10^{17} 次裂变。

由于意外临界发生在有重防护墙和良好通风设施的设备室内，没有工作人员受到伤害，也没有大量的放射性释放。

事件发生的原因是进水阀的泄漏导致了配料槽中硝酸铝的摩尔浓度从 0.75 mol/L 降到了 0.08 mol/L，安装的密度报警器却没能指示这一偏差，而预定要给进料槽安装的密度报警器没有安装。配料槽中显示水位变化的记录仪纸已用完，但一直没有换纸。不符合规程的水相溶液进入洗涤柱，使其不起洗涤作用反而起反萃柱的作用，部分铀被反萃出来。

事件后对操作规程进行了详细审查和修改，加强了员工的培训和设备维护，安装了一套大范围、高度自动化及包括许多冗余的传感器和自动安全控制的保护系统。

〔汤搏提供〕

自我演练：

☆ 问题：

☆ 答案：

案例 26 法国皮埃尔拉特的 UF_6 释放事件

该事件发生于 1977 年 7 月 1 日。当时一个装有 8 827 kg 六氟化铀、温度为 95℃的贮罐正平放在架床上，紧靠取样间，阀门处于最低位置。当完成液态取样后进行装卸时，通过软管与取样间连接着的阀门损坏了，造成了一个面积约 3.84 cm^2 的破口。六氟化铀开始大量释放，时间超过了 1 小时。工厂动用了消防设备，对现场喷洒水和液态二氧化碳。共有 7 106 kg 六氟化铀释放到大气中。

六氟化铀水解所产生的氟化氢在顺风 15 km 的范围内都能被检测到，在 1 000 m 之外土壤中氟化铀的含量相当大。600 m 处肾脏可能接受 1.5 mSv 的剂量，但此处仍处于工厂的控制范围内，没有造成社会恐慌。

〔汤搏提供〕

自我演练：

☆ 问题：

☆ 答案：

案例 27 美国汉福特钚处理工厂的火灾事件

1963 年 11 月 6 日，在 233-S 厂房中注意到有一突然的空气倒流。随着空气从工艺区进入操作走廊，仪表盘上有可察觉的摆动，233-S 设施立即停运。约 3 分钟后，辐射监测仪表探测出火灾。出于临界安全方面的考虑，没有使用消防水，而是用干粉灭火剂（碳酸氢钠）进行了灭火，火灾在约 1.5 小时内被扑灭。

火灾导致了构筑物、设备的损坏和厂房的 α 污染。

事件发生后的调查表明，火灾是由阴离子树脂的化学降解和氧化造成的。原来认为在工艺过程中阴离子树脂受到的辐照不足以导致其降解，然而事件表明钚处理中使用的阴离子树脂并不如预计的那样稳定，据估计在加入重铬酸钠、85℃的条件下，1～2 小时后阴离子树脂便开始降解。

事件未造成人员伤害。

〔汤搏提供〕

自我演练：

☆ 问题：

☆ 答案：

案例 28 英国温茨凯尔工厂“首端”厂房中事件

该事件发生于 1973 年 9 月 26 日，该设施用于氧化物燃料的“首端”处理，所得的产品送往后处理厂。

事件是在一个衡量进料器中发生了放热反应，在高温下不溶裂变产物（含有大量的钌-106 颗粒、锆颗粒和其他固体）和酸化的 Butex（二乙二醇二丁醚）之间发生了反应，可能导致了锆的燃烧。大量夹带钌-106 的气体进入大气，释放到大气中的放射性估计有 3.7×10^{11} Bq。事件导致厂房中的 35 人均受到体外污染，1 人肺部剂量达 40 μCi，其他人员肺部剂量为 0.01～5 μCi。

通过事件后调查，建议的内容包括监测“首端”处理过程中固体的产生、改善通风布局、增加 β 监测器的型号和数量，以及改善应急安排等。

（汤搏提供）

自我演练：

☆ 问题：

☆ 答案：

案例 29　美国萨凡纳河工厂的爆炸和火灾事件

该事件发生于 1975 年 2 月 12 日，当时硝酸铀酰溶液被送到一个叫 A 线的设施，在那里液体被蒸发浓缩成溶液状六水合硝酸铀酰，然后送进脱硝器，以脱水脱硝形成 UO_2 粉末。

当磷酸三丁酯被意外加到脱硝器中时，发生了不可控的反应，磷酸三丁酯、硝酸铀酰在 170℃时开始分解，脱硝器表面温度从 250℃快速上升到 400℃。强烈的反应使脱硝器内大部分物料喷射出来，房间内充满磷酸三丁酯分解产生的红褐色 NO_2 烟雾和易燃气体，气体被点燃发生爆炸和火灾。

爆炸导致一面墙被破坏，两名正在接近厂房的工作人员受轻伤，其中一名由于肺部吸入酸雾导致轻微辐射。

事件发生后，对工艺进行了改进，包括：

（1）对蒸发器下游的槽不断进行搅拌以防止水和有机相分离；

（2）在溶液转运前，对水相中的有机物进行分析，制定了有机物含量的限值以防止非安全量的有机物进入蒸发器和脱硝器；

（3）降低加热速率，限制有机物的分解速率；

（4）增加脱硝器尾气排放的气流，以保证有机蒸气的浓度低于爆炸限值。

（汤搏提供）

自我演练：

☆ 问题：

☆ 答案：

案例 30 意外γ辐射源照射事件

某研究设计院于某年将一个混凝土底座框架移至广场前传达室北侧放置，其后又将一台钢制密封过滤容器置于框架内。该位置是一个过往人员休息和交谈的方便场所。

某年某月，院安防部门筹建时，因怀疑钢制密封过滤容器来自做过天然铀试验的实验室，对混凝土底座框架进行放射性污染监测，意外发现该处有异常辐射，其γ照射量率为（2.58～5.16）$\times 10^{-9}$ C/（kg • s）。起初以为钢制密封过滤容器内贮有放射性物质，但将该容器移至他处进行γ辐射监测时，发现为本底水平，证实该容器无放射性污染。工作人员开始对混凝土底座框架进行辐射监测，其γ照射量率增至（1.03～1.29）$\times 10^{-7}$ C/（kg • s），向下掘土至 400 mm 深处，辐射照射量下降，断定γ辐射物质在混凝土底座框架内，辐射增强的原因是移走钢制密封过滤容器降低了屏蔽。捣碎混凝土底座框架后，从中找到外形完整、密封未受破坏的圆柱形 ^{60}Co 辐射源一枚。

事后经过调查，基本排除了该γ辐射源属该院所有（包括从外单位借用）的可能性，推测该源是被丢失到砂石堆内后被浇注到混凝土底座框架内的。

（汤搏提供）

自我演练：

☆ 问题：

☆ 答案：

案例 31　^{137}Cs 源破损所致污染事件

某厂曾从苏联进口一铯标准源，呈粉末状，源活度为 3.7×10^6 Bq。源结构是在玻璃容器内装入铯粉，再用烧融法封口，无金属外包装。平时用棉花包裹后放在铅罐内，存放在源库内，一直未使用。

某年某月做地下爆轰试验时，实验队将源借去后放在 610 爆轰主实验室通风间内，每天数次从铅罐中取出拿到距该实验室 100 m 处的地下爆室内标定探头。每次放回铅罐时，不用棉花包裹。后来偶然测试探头本底时发现计数很高，无法测试，开始以为是仪器本身问题，经几天查找无效，实验队通知剂量员来检查，才发现源玻璃封嘴已被挤破，铯粉洒落。污染最严重的地方是爆轰控制室和通风间，经人员粘带，610 主实验室和 612 辅助实验室也受到了污染，地表的 β 污染水平为 14～70 Bq/cm^2。爆室虽经清理，但辐射仍高于本底水平，后用 10 cm 铅套将探头屏蔽起来，才开始试验。

（汤搏提供）

自我演练：

☆ 问题：

☆ 答案：

案例 32 丢失 ^{226}Ra 放射源事件

某年，某核化工厂两位工作人员用 ^{226}Ra 标准源（4.31×10^7 Bq）标定地面 γ 辐射仪，中午 12 时标定结束后将源送回源库房时，库房管理员已去吃饭，因而将放射源放在库房门外，打算吃完饭后再回来入库。12 时 30 分左右，附近某公社四人通过山间小道，避开警卫哨卡进入厂区，在源库房门口发现无人看管的铅罐后顺便拿走，中途休息时打开铅罐，将其中的放射源拿出观赏。随后其中一人拿走了放射源，将铅罐卖给了废品收购站。

拿走放射源者一直将其放在左上衣口袋中，并且在家中给其父亲观赏。直到放射源被找回时，已在他的口袋中放置了 20 小时，身体所受的吸收剂量已为 600 mGy 左右。

（汤搏提供）

白我演练：

☆ 问题：

☆ 答案：

案例 33 ^{60}Co 射线机源脱出事件

某核燃料厂产品检验室装有某仪表厂生产的一台 1000-61 型 ^{60}Co 射线机，用于产品的 γ 射线探伤。^{60}Co 放射源（源活度为 7.6×10^{12} Bq）为直径 26 mm、高 27 mm 的圆柱体，由三片磷铜制成的弹簧夹固定在射线机头中。照射样品时，通过机械传动系统将放射源转移到照射位置。

某日，两名工作人员进行产品探伤时，发现 X 光底片全部变黑，起初误认为是操作上的原因，直到数日后，排除了各种误操作，怀疑是 ^{60}Co 放射源脱落到机头底部的铜过滤板上。经安防人员现场测量，确认确实如此，致使两名工作人员接受了超剂量照射。

检查结果表明，由于长期辐照和机械损伤，机头内固定 ^{60}Co 放射源的磷铜弹簧片有两片断裂，导致放射源脱落。工作人员既没佩戴个人剂量计，也未按要求打开室内 γ 监测仪表，同时又无安防人员进行剂量监督。

〔汤搏提供〕

自我演练：

☆ 问题：

☆ 答案：

案例 34 ^{60}Co 放射源意外照射事件

某年，某核燃料厂 4 名工作人员对某年省卫生研究所返回的空铅罐进行清理，发现一铅罐内装有 1 个直径 2 cm、高 3～4 cm 的圆柱体，剂量人员判断其为非放射性物质，1 名操作人员用手将其从铅罐内取出并放入水中。实际上该物质为 ^{60}Co 放射源，活度为 4.6×10^{12} Bq。由于活度大，而 γ 照射量率仪量程小，且探头为计数管，在强辐射下被阻塞，仪表指示近于零。

事件后估计该名操作人员的手部皮肤的吸收剂量为 10 Gy。根据 4 名工作人员佩带的个人剂量计测得 γ 外照射个人剂量，集体剂量当量为 0.09 人 · Sv，人均剂量当量为 23 mSv。

（汤搏提供）

自我演练：

☆ 问题：

☆ 答案：

案例 35 电子束致右手急性皮肤损伤

某年，某研究院两名工作人员在调试电子静电加速器时，其中一名工作人员想去辐照大厅观察出束情况。在没有佩带个人剂量计的情况下，便进入了辐照大厅（由于门有故障，影响操作，所以长期违反规定将门联锁装置短路）。该名工作人员用右手夹持一张纸片，移至电子束窗口，立刻感觉手指被灼烧了一下，观察纸片，发现有烧焦痕迹。几天后，手指出现红肿和发痒，其后感觉发胀、轻度恶心，面部和颈部也有刺痒感，随后右手出现水疱且水疱溃破。

事件后模拟测量表明，该工作人员右手、额和颈部所受的 X 射线吸收剂量分别为 0.92 Gy、0.26 Gy 和 0.42 Gy，电子束吸收剂量分别为 15 Gy、4.5 Gy 和 2.9 Gy。

〔汤搏提供〕

自我演练：

☆ 问题：

☆ 答案：

案例 36 热室检修人员误受 ^{60}Co 源超剂量照射事件

某年，某研究设计院钴源生产组一工作人员进入 14 号热室抢修焊机橡皮冷却水管。由于钴源生产、贮存管理混乱，热室内固定式大量程剂量仪表失灵没有及时修复，该检修人员不知道热室内检修部位旁边有一存放在不锈钢盒内的高活度钴源。同时让一操作人员代替剂量员进行剂量监测，剂量仪表指示在达到满刻度后又下降，该操作人员不了解计数管辐射监测仪在强辐射场下会出现阻塞的特性，将强辐射场误认为剂量水平低，致使抢修人员受到超剂量照射。

事件后根据抢修人员佩带的热释光 γ 个人剂量计，估算人体组织的吸收剂量为 0.48 Gy。

〔汤搏提供〕

自我演练：

☆ 问题：

☆ 答案：

案例 37　镭源破漏事件

某年，某厂一名工作人员和一名安防处工作人员到源库，在没有任何防护措施的情况下，从铅罐中取出镭源（镭源活度为 1.85×10^9 Bq），镭源为粉末状溴化镭，内容器为玻璃管。为了另制一个镭源，决定在库房开启该镭源，不慎将玻璃管拧破，镭源洒落在地。两工作人员以为镭源是固体块状，仍使劲往外倒，结果倒了多次，仍未发现镭源。安防处工作人员还多处寻找，致使多处被污染。两名工作人员用 FJ-2200 型 α 点测仪，未测量出污染，误认为未受污染，仍然到处活动，导致车辆、家中物品等多处污染，污染扩散。后未找到镭源，报告处领导后，进行污染测量，才发现污染。

事件发生后，对 200 多人进行了追踪测量，发现受污染的有 47 人。

〔汤搏提供〕

自我演练：

☆ 问题：

☆ 答案：

案例 38 电子束致左手急性皮肤损伤

某日，某研究院加速器组在用静电加速器辐照塑料袋样品。停机后，一工作人员进入静电加速器主大厅对高压电板进行放电，冷却扩散泵。同时，另一工作人员进入辐照大厅取塑料袋样品，恰好左手对着束流窗口，看到窗口闪光两次，立即感到左手烧灼发麻，当即意识到受到照射，立即离开了辐照大厅。

该院使用的 EJ-22 型电子静电加速器是密闭充气型，结构上没有释放高压电极上电荷的装置。在停止供电后，如真空系统继续运行，则高压电极上的残存电压数小时也降不下来。如真空系统停止工作，则可能发生击穿放电，出现电子流脉冲。

几天后，该工作人员发现左手拇指、食指和中指红肿，有烧灼样疼痛，其后陆续出现红斑和水疱，继之水疱溃破。

事件后的模拟测量表明，该工作人员的全身吸收剂量约 5 mSv，左手 X 射线吸收剂量为 0.1 Gy，皮肤电子照射吸收剂量为 63 Gy。

（汤搏提供）

自我演练：

☆ 问题：

☆ 答案：

案例 39 误受 ^{60}Co 源超剂量照射事件

某年，某研究院计检室利用放化室倒源工号的强放射性钴源（1.85×10^{14} Bq）进行辐照酒的模拟实验，并采用英国制造的 2500 型辐射仪测量吸收剂量。某日，该室 3 名工作人员在进行辐照酒的模拟实验时，事先没有明确分工，而是根据个人的工作水平和体力情况形成自然分工，其中一人负责测量，一人负责操作升降源，一人负责开关屏蔽门。当测完第二点后，负责开关屏蔽门的工作人员打开了屏蔽门，负责测量的工作人员进入辐照室改变了测点位置，然后转身出来，并关闭好了屏蔽门。当准备升起放射源时，发现刚才放射源并没有放下，从而造成负责测量的工作人员的超剂量照射事件。

由事件受害者胸部佩带的热释光 γ 个人剂量计测定的吸收剂量为 0.45 Gy，估计有效剂量当量为 0.45 Sv。

〔汤搏提供〕

自我演练：

☆ 问题：

☆ 答案：

案例 40 EPS 辐射事件

某研究院的电子辐照加工系统（EPS）是利用电子加速器辐照加工产品的系统，某年初，在仅完成加速器主体安装、调试和验收工作，而传动装置和安全保护设施（光电联锁、剂量监测、灯光信号等）尚未竣工的条件下，便开始了辐照加工工作。

由于传动装置尚未完成，借用了另一台小功率静电加速器的传动小车，工作人员需进入辐照大厅从事装料、翻料和卸料作业。在电子加速器有高压、无束流的状态下，剂量监测的结果表明辐照大厅内的剂量水平在允许水平。因此，临时决定 EPS 操纵员在二楼主控制厅操纵高压、束流和传动小车等，辐照件操作人员在一楼的操作间从事装料、翻料和卸料作业。当关断束流，且束流指示为零后，EPS 操纵员用音响指示辐照件操作人员进入辐照大厅作业，辐照件操作人员退出辐照大厅时，在摄像机前做出手势，示意 EPS 操纵员开启束流和传动小车进行辐照加工。

在生产的两天多时间中，就发生了 3 次事件，致使 8 人受到过量照射，具体情况如下。

某日 10 时，等待接班的一名 EPS 操纵员到控制室观看操作，认为对讲机距控制台太远，建议将对讲机移至控制台旁边，两名值班操纵员采纳了这个建议。当传动小车行至终点，操作音响按钮时，对讲机出了故障，未发出信号，此时一名操纵员取来了另一个对讲机准备更换，当拔除信号插头时，突然发出了音响，负责辐照件的两名操作人员听到信号后，进入了辐照大厅，而此时正处于辐照过程。两人误入辐照大厅的瞬间，一名值班操纵员立即切断了电子加速器的束流，负责辐照件的两名操作人员中一人看到了扫描窗，于是两人先后跑出了辐照大厅。

在运行过程中，部分工作人员提出不停机换班吃饭的建议。某日 12 时 30 分，据一名饭后接班不久的操纵员回忆，他按了“断束流”按钮，然后又按了“音响”按钮，接着去记录参数（但从运行记录纸上看，束流未断）。楼下操作的两名工作人员听到音响信号后进入了辐照大厅进行翻料，在靠近扫描窗时感觉到小腿外侧有发热针刺感。操纵员在完成记录后回到控制台，发现束流指示仪有 1.2 mA 的指示（说明束流未断），传动小车未启动，电视屏里也无人，他特意按了禁止进入辐照大厅的音响信号（为时已晚），启动了传动小车和加速器继续进行辐照。

次日 11 时 30 分，一名主操纵员和一名辅助操纵员负责操纵，后来辅助操纵员到楼下协助操作人员工作，过了一段时间主操纵员将辅助操纵员请回控制室，自己去卫生间。据辅助操纵员回忆，她按了“断束流”按钮，然后又按了“音响”按钮（但从运行记录纸上看，束流未断，很可能按了“加速流”按钮）。楼下 4 名操作人员听到音响信号后，进入了辐照大厅进行卸料和换料作业。换料时，一人感到手部发热，另一人看到扫描窗下的蓝色闪光，于是 4 人跑出了辐照大厅。辅助操纵员从电视屏上看到换料人员神情紧张，再看束流指示仪，发现束流未断，立即切断了束流。

事件发生后部分受照人员出现皮肤红肿，发水疱。根据事件后组织的模拟试验，轫致辐射所致剂量不大（≤45 mSv），而电子浅表吸收剂量较大（最大为 196 Gy）。

〔汤搏提供〕

自我演练：

☆ 问题：

☆ 答案：

案例 41 核燃料元件厂蒸发池跑水事件

某年，某核燃料元件厂 2 号蒸发池内水渗透，将堤坝的黏土层距顶部 1 m 左右处冲开一个小洞，随后小洞逐渐扩大，造成决口，大量跑水。跑水量为 1.0×10^4～1.2×10^4 m^3，最远流至 2 km 外，废水流经的地面表土层中天然铀含量平均为 7 μg/g。

估计该事件共损失天然铀金属约 25.68 kg，总放射性活度 6.5×10^8 Bq。

〔汤搏提供〕

自我演练：

☆ 问题：

☆ 答案：

案例 42　改变 UO_2 富集度导致的临界事件

某核燃料厂原有一条生产富集度为 2%的 UO_2 燃料元件的生产线，后改为制造富集度为 6.5%的 UO_2 燃料元件的生产线。该生产线需将 UF_6 转变成 UO_2 粉末输送至下道工序的接收器，用以生产 UO_2 芯块。UO_2 粉末的输送由真空系统的负压完成，由于真空系统的二级过滤装置的过滤器滤材部分失效，在运行 20 多天后，真空系统的真空槽中由于 UO_2 粉末的积累而发生了临界事件。事件后发现真空槽中意外地进入了大量水，并从真空槽中取出 157 kg 含 U 浆液。根据分析，其中含有 51 kgU，若按富集度为 6.5%的 UO_2 量计算，相当于 3.32 kg^{235}U，超过了 U-H_2O 系统的最小临界质量。估计本次临界事件共发生了 10^{15}～10^{16} 次裂变，造成距事故槽 1.5 m 处 γ 照射量率为 0.3 C/（kg・s）。事故没有造成设备损坏和人员伤亡。

〔潘英杰提供〕

自我演练：

☆ 问题：

☆ 答案：

案例 43 铀金属车屑自燃事件

某年，某核燃料厂露天存放场的“408”元件芯棒加工产生的铀金属车屑自燃着火。由于发现较晚，而且车屑、精渣桶堆放密集，人员无法进入，又无有效灭火措施，导致 80 桶车屑和 50 桶精渣着火燃烧，总计燃烧车屑 19.5 t、精渣 6.4 t。

事件发生后，大部分铀金属氧化物留在了存放场地，损失铀金属 1.7 t，总放射性活度为 4.22×10^{10} Bq，污染面积约 3 000 m^2。

〔汤搏提供〕

自我演练：

☆ 问题：

☆ 答案：

案例 44 核化工厂强放废液喷出污染事件

某年，某核化工厂发现 01～06 号的 1AW 蒸残液管道堵塞。某日，分厂副总工程师在召开生产工作会后，决定对该管线进行吹堵。在 01 号端用热水压吹，以溶化管内结晶物，但吹堵未成功，于是决定在 03 号阀门井处增设临时管线，用蒸汽向 01 号和 06 号两个方向压吹，为此工艺车间对输送 1AW 蒸残液的有关阀门和蒸汽吹洗管线进行全面检查。两名工作人员在检查 03 号阀门井的临时蒸汽管线时，发现 05 号阀门的法兰螺钉和垫圈均已损坏，由于未找到石棉垫圈，便用塑料垫圈代替。在完成更换后，用 3×10^5 Pa 的压力吹了约 1 小时未通，当晚又从 01 号向 06 号方向用热水压吹仍未通。

又一日，分厂副总工程师带领生产科长等 6 人到 03 号阀门井处理，在辐射防护人员用便携式仪表测量未发现放射性异常后，便分别打开 05 号、04 号、03 号和 01 号阀门，用 6×10^5 Pa 压力的蒸汽吹堵。5 分钟后，发现 05 号阀门的法兰垫圈处向外喷蒸汽，副总工程师和工艺人员便用扳手去紧固螺钉。由于大量蒸汽喷出，副总工程师便顺手关闭了 05 号阀门，随后便发现有棕色液体从该法兰处喷出。辐射防护人员用仪表测量，γ 照射量率为 3.1×10^{-6} C/（kg • s），确认有 1 AW 蒸残液夹带喷出，便立即关闭了 04 号、03 号和 01 号阀门，撤离现场。经检查副总工程师和工艺人员两人手部和衣服被污染，γ 照射量率为 5.2×10^{-8}C/（kg • s）。

估计事件导致了 74 mL 的蒸残液泄漏，放射性活度 1.3×10^{12} Bq。事件污染总面积达几平方千米，05 号阀门顺风方向 50 m 公路路面受到严重污染，γ 照射量率为 1.5×10^{-8}～5.2×10^{-8} C/（kg • s），β 表面污染水平最高为 1 670 Bq/cm^2，农作物放射性含量超标，附近河水总 β 放射性浓度高出正常水平 1～2 个数量级。

（汤搏提供）

自我演练：

☆ 问题：

☆ 答案：

案例 45 核化工厂 1AW 废液泄漏事件

某核化工厂 γ 多道监测点 γ-138/7 发出报警，辐射防护人员赶赴现场调查，发现设备室地面上泄出料液，用便携式 FJ-311 γ 微伦计测量，γ 照射量率超出 5.2×10^{-7} C/（kg • s）的最大量程。次日监测又发现量槽内一根蒸汽管附近的 γ 照射量率为 1.0×10^{-7} C/（kg • s），该管经过的三楼走廊下面的 γ 照射量率为 1.8×10^{-9} C/（kg • s），用 FJ-317 测量现场 γ 照射量率为 7.7×10^{-7} C/（kg • s）。

初步分析放射性料液是从蒸压干管上的平衡阀泄出的，经工艺人员现场观察，泄出料液是含裂变产物的高放废液，在地面分叉流开，宽度 12～50 cm，估计污染面积约 2 m^2。泄漏的料液有约 1 L，按未蒸发浓缩前的放射性浓度估计，放射性总量为 2.96×10^{10} Bq。原因是操作人员没有按操作规程操作，在蒸汽压料时加压过快过大，且槽处于高压力时过早关闭蒸汽，导致槽内料液倒流到蒸汽干管内，由于蒸汽管上的平衡阀内漏，导致料液泄漏到地面。

对泄漏进行处理，包括人工用拖把擦除料液、割掉污染的塑料地板并安装新的塑料地板、更换新的阀门、将塑料地板等污染物送往废物库贮存等。处理完毕后对相关人员进行剂量监测，发现全部人员均有体表污染，到卫生间进行体表清洗，大部分人员无法清洗干净污染。此次事件估计集体剂量为 0.1 人 • Sv，最大受照者剂量为 12 mSv。

（汤搏提供）

自我演练：

☆ 问题：

☆ 答案：

案例 46　核化工厂生产下水污染事件

某核化工厂“三废”处理现场防护组一名工作人员，用 FJ-335C 测量后处理厂弱放废水处理厂生产下水井壁，发现有 β 放射性污染，污染水平为 2～6 Bq/cm^2，通知车间查找原因，未发现设备渗漏串料。2 个月后，该名工作人员再次用 FJ-335C 测量后处理厂弱放废水处理厂生产下水井壁，污染水平为 10 Bq/cm^2，“三废”化学组取 07 号弱放废水处理厂生产下水井水分析，总 β 浓度为 7.4×10^{-2} Bq/L，pH=5，该名工作人员报告分厂调度和三车间停车调查生产下水污染。第二天工作人员发现生产下水带黄烟（氮氧化物），紧急停车，关闭生产下水。取水样分析，总 β 浓度为 4×10^{-5} Bq/L，pH=1。生产下水流向附近河流的管沟的表面污染为 34～150 Bq/cm^2，生产下水出水口附近河流河岸的表面污染为 10～50 Bq/cm^2，附近河流河水的总 β 浓度为 2.66×10^{-2} Bq/L，估计本次事件排入附近河流的裂变产物总量为 8×10^9 Bq。

调查发现，事件原因是冷却器被氮氧化物腐蚀穿破，工艺尾气中的氮氧化物气体夹带裂变产物通过破口进入冷却水，随生产下水排入附近河流。事件对附近河流造成较严重污染。

（汤搏提供）

自我演练：

☆ 问题：

☆ 答案：

案例47 汉福特核基地^{131}I强释放事件

美国华盛顿州的汉福特核基地在1944—1947年商业初始运行阶段，释放出了大量的碘，其中包括4×10^5 Ci的^{131}I，使当地很多居民遭到辐照。当地居民约27万人，其中1.35万人（占5%左右的居民）甲状腺吸收了大于33 rad的剂量，1 200个婴儿甲状腺吸收了15～650 rad的剂量，并且部分婴儿受照达到2 900 rad。1963年汉福特基地^{131}I的释放降到了每天0.38 Ci。1987年和1988年的^{131}I释放量分别降为0.002 Ci和0.004 Ci。

〔汤搏提供〕

自我演练：

☆ 问题：

☆ 答案：

案例 48　通风不良导致氡及氡子体浓度超标事件

某铀矿山新建一个井下采矿工区，该工区矿井主通风机没有安装，局部通风设施也未安装到位。在该工区通风系统没有形成能力并缺乏监测仪器仪表的情况下，安排了生产任务。某次采矿爆破后，在没有对井下空气作任何监测的情况下，工人即到井下作业面，造成 1 名工人当场中毒窒息死亡。一些人员在十分危急的情况下，逃出矿井，向矿管理部门报告后，矿里组织十多人下井抢救。在抢救过程中，开启局部风机时，发现有一台是坏的，有一段风筒是断的，因此，井下仍无良好通风，抢救人员本身也没有佩戴必要的防护器具，因而又造成几人中毒窒息死亡。

事件发生后，对井下空气监测发现：氡及氡子体浓度及炮烟浓度严重超标，氡浓度达 150 kBq/m^3 以上，氡子体 α 潜能达到 600 $\mu J/m^3$ 以上，致使矿工个人剂量高达 30～40 mSv，炮烟浓度超过标准数十倍。

〔潘英杰提供〕

自我演练：

☆ 问题：

☆ 答案：

案例 49 英国乏燃料贮存火灾事件

1990—1991 年，英国北威尔士 Wylfa 的 MAGNOX 乏燃料干式贮存库发现 21 000 个 MAGNOX 型燃料元件中有一小部分被腐蚀。由于 MAGNOX 型燃料元件使用的是金属铀，一旦水渗入元件包壳，将与金属铀发生反应，腐蚀产物之一是氢化铀。氢化铀在空气中能够自燃，足够的氢化铀自燃将可能点燃金属铀，并释放出包容在铀棒中的高放射性裂变产物。

调查确认受影响的燃料元件都是干燥、稳定和安全的，火灾风险很小。即使发生火灾，由于该贮存库采用负压及全面过滤设计，可以确保不会带来外部的风险。

〔汤搏提供〕

自我演练：

☆ 问题：

☆ 答案：

案例 50 认定后更改地震等级事件

20 世纪 70 年代初，某国在 S 核电厂建造 2 号、3 号机组时，原认可申请的安全停堆地震（SSE）为 0.5 *g*，但后发现在厂址西 8 km 的位置有一条冲断层，被认为是陆上 Newport Inglewood 断层的延伸，而 Newport Inglewood 断层为能动断层。最后考虑在离厂址最近的断层上有发生震级 M=7.3 地震的可能，厂址的 SSE 应取 0.67 *g*，需重新对厂址的设计基准地震动进行评价，由此避免了一起因地质状况不清而选址出错的事故的发生。

（李洪训提供）

自我演练：

☆ 问题：

☆ 答案：

案例 51 雷击造成全厂断电事件

G 研究堆是某年建成的，厂址位于某山脚下。某年的一天晚上，G 研究堆在正常运行，外面黑云笼罩大地。忽然，狂风大作，雷声震耳欲聋，闪电像火球一样在近地表滚动，顿时，全厂一片黑暗。发生了地滚雷造成的全厂断电事件。

事件发生后，厂里启动了应急程序，所长、总工程师及电力工程师在最短的时间内赶到现场，认定断电是由雷击导致输电线路上的保护开关脱闸引起的，经合闸恢复了供电，未造成放射性后果。

〔李洪训提供〕

自我演练：

☆ 问题：

☆ 答案：

案例 52 厂址地基不均匀沉降事件

R 国某核电厂是 20 世纪 70 年代末建成的。地基为第四纪沉积地层。

在核电厂运行中，根据埋设在反应堆厂房周围的沉降观测点的测量数据，发现反应堆厂房向常规岛厂房方向倾斜。

发现反应堆厂房倾斜后，该厂在常规岛厂房相对方向的反应堆厂房的地面上堆积了大量混凝土块体。经长期的沉降观测，反应堆厂房已沉降稳定，倾斜没有新发展。核电厂继续运行。

（李洪训提供）

自我演练：

☆ 问题：

☆ 答案：

案例 53 新的设计要求未能落实造成不符合项事件

T 项目为 R 国技术引进项目。R 国在 T 项目的反应堆冷却剂管道设计中，首次采用了“先漏后破”准则。在此情况下，对管道焊缝的韧性提出了更高要求。因此，设计要求规定管道焊缝材料的冲击韧性成为必需的考核项目。按照 R 国有关规定：对于在 R 国机械科学与工艺研究院完成了评定的焊接工艺项目，在现场进行焊接工艺试验和评定时，无须对焊缝材料的冲击韧性进行考核。国内某施工单位按此要求和 R 国的相关焊接工艺文件完成了焊接工艺试验和评定（根据要求，试验和评定中未对焊缝材料的冲击韧性进行考核），按此试验与评定结果确定了焊接作业程序，并按此经评定的焊接作业程序完成了相应的管道焊接。后通过国家核安全局对此项目的监督和审查发现，没有测定焊缝材料的冲击韧性，以验证管道的设计是否满足“先漏后破”准则。随后从该焊缝焊接工艺试验和评定试样中取样，补充测定其冲击性能。测定结果发现冲击性能不合格。这样，反应堆冷却剂管道焊缝就成了重大不符合项。

（马校正、郁祖盛提供）

自我演练：

☆ 问题：

☆ 答案：

案例 54 未认真执行质保大纲使产品鉴定无效事件

某核承压设备制造厂在为作产品鉴定而实施产品爆破试验时，未注意到本厂质保大纲中写明的“对国家规定有试验单位资质要求的试验，应委托有相应试验资质的单位进行试验”的要求，未经审查就误委托了无该爆破试验资质的某单位进行爆破试验。这样，试验结果未得到产品鉴定单位的认可，只能重新加工样品，再委托有爆破试验资质的单位重做试验，既浪费了经费，又耽搁了时间。

〔马校正、郁祖盛提供〕

自我演练：

☆ 问题：

☆ 答案：

案例 55 设备组装作业程序疏漏造成组装返工事件

某核承压设备制造厂批量组装某种设备时，由于组装作业程序编、审、批不仔细，程序中遗漏了设计技术规格书要求的组装前某部件表面要做特殊清洁处理的要求。设备验收时，该问题被发现。经查，已组装设备的相应部件表面未做特殊清洁处理。因此，拆开已组装的设备，并对该部位表面补做特殊清洁处理后再重新组装。

〔马校正、郁祖盛提供〕

自我演练：

☆ 问题：

☆ 答案：

案例 56　质保记录不符合要求而不能成为质量的客观证据事件

某核设备制造厂在设备制造中由于机加工人员手上沾的油污多，记录不方便，在现场记录机加工数据时，书写潦草，别人无法认清，且签名仅签一个姓，记录用笔为圆珠笔或铅笔，记录纸上沾有油污较多，有的栏目未填写，因而造成日后对所记录的字迹很难辨认且有些栏目无数据，致使该记录不能成为质量的客观证据。

（马校正、郁祖盛提供）

自我演练：

☆ 问题：

☆ 答案：

案例57 质保内、外监查不符合质保监查要求事件

国家核安全局在某年年底对某营运单位做质保检查时，要求该营运单位按照其质保大纲中“每年对主要承包单位做一次质保监查”的规定，提供当年对主要承包单位的外部监查报告。该营运单位未实施，因而也提供不出这些外部监查报告。这样，营运单位对主要承包单位是否有效实施经其审查认可的质保大纲就失去了了解和督促，甚至有可能失控。

（马校正、郁祖盛提供）

自我演练：

☆ 问题：

☆ 答案：

案例 58　管理部门审查流于形式未起到应有作用事件

某核设备制造厂由于不了解管理部门年终审查的要求，在某年年底前，该厂各部门没有准备汇报自己部门实施质保大纲的有效性、存在问题和对质保大纲适用性意见的书面材料。管理部门年终审查时，未能针对这一年质保大纲实施有效性、存在问题、纠正对策以及质保大纲的适用性等作出明确的结论。这样，管理部门审查未能达到预定的目的。同时对于修改本年度质保大纲不适用处、纠正质保大纲存在问题，从而更有效实施质保大纲未起到应有的作用。

（马校正、郁祖盛提供）

自我演练：

☆ 问题：

☆ 答案：

案例 59 设计错误致使交工后还要大量返工事件

T 核电厂由 R 国某缺少设计经验和质量保证概念的单位设计。相应的施工、安装文件交安装单位施工时，安装单位发现不少设计错误（说明设计单位和营运单位未按设计质保要求对相应的文件作充分的设计审查），由于安装单位提出的某些意见未被设计单位采纳，安装单位只得按相应的文件施工。然而，在安装结束并向营运单位移交后，设计单位又提出了大量设计修改，导致营运单位要求安装单位将已移交后的系统作大量的返工。

（马校正、郁祖盛提供）

自我演练：

☆ 问题：

☆ 答案：

案例 60 监督和验收不力致使产品存在的严重问题到安装时才发现事件

某营运单位派驻国外核设备制造厂的一些监造人员由于不熟悉制造工艺或未严格对制造工艺进行监督，出厂验收也不严格，致使有的产品存在严重质量问题未被发现。直到设备运到工地安装时才发现存在严重质量问题，造成重大不符合项，安装现场难以处理，延误了工程进度，造成了经济损失。

〔马校正、郁祖盛提供〕

自我演练：

☆ 问题：

☆ 答案：

案例 61 某核电厂燃料组件功率超限值事件

某核电厂 1 000 MW 电功率的机组换料后重新启动。在核功率上升到额定值 25%时，功率分布测量表明 A、B 两位置燃料组件参数异常，分析判定 A、B 组件不是换料图规定的位置：A 位置燃料组件的温差超出允许值。鉴于此，操纵员决定在该组件处采取让控制棒处于下端位置的特殊措施，然后提升反应堆功率至额定功率稳定运行。该操作未在操作日志上记录。

满功率运行数天后，因汽轮机故障造成反应堆功率降至 2%。故障排除后，开始提升功率，所有控制棒恢复到规定位置。在提升到 50%额定功率时，堆芯功率分布显示异常，未引起操纵员重视。在提升到满功率后，操纵员发现堆芯功率分布超出规定运行范围。报告请示后，管理部门下令要求实现冷停堆进行检查。

经检查，换料时未对换料位置图进行核对，造成 A、B 两燃料组件换位，导致 A 燃料组件处功率超限值。由于处理及时，该事件未造成 A 燃料组件实质损伤，也未造成放射性后果。

自我演练：

☆ 问题：

☆ 答案：

案例 62 某核电厂放射性废气异常排放事件

某核电厂采用加压贮存箱衰变和活性吸附箱滞留等措施处理放射性废气，其加压贮存箱有效容积为 700 m^3，参考电厂的加压贮存箱有效容积为 2 000 m^3。核电厂正常运行时，放射性废气在该加压贮存箱贮存约 45 天再排放，气态流出物排放可满足环境保护要求。该核电厂运行后不久，启动了一次扫气行动，由于程序文件上没有明确扫气停止条件，造成扫气时间过长，大量放射性废气进入加压贮存箱，使废气处理量超过加压贮存箱的有效容积，导致未经充分衰变的放射性气体经烟囱排出。烟囱的连续监测系统发现了异常排放。经测算，排放超出了技术规格书限值，但尚未造成明显环境影响。

自我演练：

☆ 问题：

☆ 答案：

案例 63 某公司人员受 X 射线机照射事件

某公司为拓展业务领域，增加业务收入，在已有数枚放射源的基础上，又新购置了一台 X 射线机。由于业务繁忙，该公司工作人员咨询生产厂家后，得知相对放射源而言，射线装置是在通电的情况下才产生射线，较易控制，就没有认真学习相关知识。为争取早日使用运行，X 射线机运抵现场后，在安全防护设施安装还未完成的情况下，就开始了 X 射线机的调试工作。

某日，该公司工作人员甲从控制室拿了钥匙，打开辐射实验室门，进入辐射实验室后打开空调，做试机前准备工作。随后，走出辐射实验室并将门锁上，钥匙放回控制室的工作台上，然后对 X 射线机进行开机调试。约 10 分钟后，工作人员乙来到控制室，乙记得当天没有安排试机，便拿起工作台上的钥匙，并对甲说："我要进去看看，你不要开机"，但甲正聚精会神地操作，并没有听见乙在讲什么，也没有应答。

乙拿了钥匙，开门进入辐射实验室，对一些情况做了检查，发现没有问题就回到控制室，这时发现甲已开机，核实时间后，才意识到误入辐射实验室，受到了意外照射。

事件发生后，公司对事件经过作了全面分析，并送乙到医院救治，发现没有造成急性重度放射病和局部器官残疾。经估算，乙全身受照剂量为 85 mSv。

自我演练：

☆ 问题：

☆ 答案：

案例 64　某铀转化厂临界事件

某铀转化厂将 U 富集度近 20%的 UO_2 粉末溶解，制备硝酸钠酰。操作人员为加快进度和贪图方便，违反操作规程擅自将 UO_2 粉末在不锈钢水桶中溶解后，直接倒入容积 10 L 的沉淀槽内。第一天倒入 4 批溶解液，次日又倒入 3 批溶解液，超出临界量 2.4 kg 限值，出现蓝色闪光和 γ 报警。事故期间未采取有效措施，此现象反复发生多次，持续了较长时间。这次事故后测算总裂变次数为 5×10^8 次，3 人受到严重照射（吸收剂量分别约为 30 Gy、20 Gy 和 15 Gy），并在事故后几个月内相继死亡，厂房内其余 10 多人受到不同程度的辐射危害，车间内有污染，但未对外部环境造成放射性后果。

自我演练：

☆ 问题：

☆ 答案：

案例 65 某单位放射性测井中子源落井事件

某单位使用一枚III类中子源开展放射性测井工作。某日，该单位在某县进行物探测井时，因钻孔泥岩层发生缩径，探管在孔深 314 m 处遇卡，操作人员强行提拉探管时，将探管提拉电缆（钢丝绳）拉断，致使中子源落入 320 m 深的孔底。经过 40 多次打捞未果，该单位在未按规定上报辐射事故的情况下，擅自用水泥封闭钻孔，两天后才向环保部门上报该辐射事故。环保部门接到事故报告后，立即赶往现场，经现场调查和监测，基本判定放射源随探管一并落入孔底，没有引起钻孔周围环境辐射异常，要求事故单位在该钻孔处设立永久性标志，建立应急预案和事故报告制度。依照相关法规要求，环保部门对事故单位进行了行政处罚。

自我演练：

☆ 问题：

☆ 答案：

案例66 某核电厂蒸汽发生器传热管超温差限值事件

某核电厂3号机组由于保险丝熔断导致向电厂控制系统供电的电源中断，电厂紧急停堆。紧急停堆导致一个虚假的蒸汽发生器高液位信号，该信号使主给水泵和汽轮发电机跳闸。当电源恢复后，汽轮机旁通阀处于部分开启状态从而引起反应堆过冷和各蒸汽发生器压力差异，操纵人员根据这些迹象认为有一台蒸汽发生器出现故障而将其隔离，并按应急运行规程让其蒸干。应急规程规定，在二次侧的完整性得到证实后，可向蒸汽发生器送水，然而操作人员无法证实二次侧的完整性。运行人员的培训没有涉及蒸汽发生器传热管温差限制的内容，应急运行规程中也没有限制温差的内容，因而运行人员认为核电厂留在当前状态不涉及任何紧急状态。

由于长时间延误，没有给蒸汽发生器注水，最终导致蒸汽发生器传热管和壳体的温差达45℃（温差限值为33℃）。

事故分析表明，在以前编写应急运行规程时，由于认为温差限值是运行人员的普通知识，并认为不可能有长时间的蒸汽发生器干涸的情况发生，所以未将传热管温差限值写入规程中。

自我演练：

☆ 问题：

☆ 答案：

案例 67 某辐照企业人员受放射源过量照射事件

某民营企业自主设计建造静态堆码式 ^{60}Co 辐照装置一座，设计最大装源活度为 30 万 Ci，用于辐照加工大蒜、洋葱和中药材。该辐照装置设施简陋，后自行改造加装了货物自动输送系统。辐照装置的铁网门安全联锁、踏板降源装置、拉线开关等安全联锁系统全部失灵，未经维修仍继续使用。

某日，两名未经培训的工作人员未确认放射源是否降入水井安全位置、未携带辐射监测仪器及个人剂量报警仪，经迷道进入辐照室。两人在辐照室距源约 1 m 处整理和摆放货物，10 分钟左右感觉不适跑出辐照室，在控制室发现放射源处于升起位置，随即降源到安全位置。

事故发生后，该单位立即将两人送往县医院诊治，后转入北京某医院治疗，最终因受照剂量过高，两人治疗无效身亡。

自我演练：

☆ 问题：

☆ 答案：

案例 68 某核电机组压力容器主螺栓偏差事件

某核电机组冷试期间，安装公司操作人员使用整体螺栓拉伸机装配压力容器主螺栓。开关盖过程中，有 1 颗主螺栓出现卡涩异常情况，操作人员手动操作拉伸机关盖成功，冷试后 58 颗主螺栓正常旋出。然而，由于拉伸机手动操作的扭力值超出设计要求，导致部分主螺栓孔在主螺栓旋出时出现损伤。该异常情况没有引起现场人员警觉。热试前压力容器关盖，有 4 颗螺栓卡涩无法旋入，之后手动退出 1 颗，剩余 3 颗切割取出。通过检查发现，58 颗主螺栓孔均存在不同程度的缺陷，其中 2 颗螺纹变形、损伤较重。另外查明，压力容器主螺栓孔在制造环节出现偏差，不满足设计要求，但验收时未被发现。最终核电厂用了 8 个月的时间才修复了受损的主螺栓孔。

自我演练：

☆ 问题：

☆ 答案：

案例 69 某核电厂选址阶段应急方案评价

某核电厂位于滨海地区，在其烟羽应急计划区内有一距陆地约 3 km 的岛屿，岛上有数百户居民，主要以渔业为生，依靠渔船与外界交通。

按照我国相关法规标准的要求，烟羽应急计划区内应做好隐蔽、撤离和碘防护等应急响应行动的准备，采取隐蔽措施的通用干预水平是 10 mSv，采取撤离措施的通用干预水平是 50 mSv。

考虑到从岛上建造一座连接陆地的大桥造价高昂，在选址阶段的初步应急方案中提出了如下的隐蔽和撤离行动方案：

在场外应急状态下，如果预计居民通过撤离可防止剂量（有效剂量）低于 100 mSv 的污染，则采取隐蔽行动，即通知居民前往集中隐蔽场所躲避。如果预计通过撤离可防止剂量超过 100 mSv，或者隐蔽时间超过 7 天，则临时组织调集船只将岛上居民撤离到陆地上的适当场所（酒店、学校、运动场馆等）。

自我演练：

☆ 问题：

☆ 答案：

案例 70　某研究堆冷停堆状态下自然循环丧失事件

某研究堆处于冷停堆状态，为修复 1 号主泵排汽管线上无法隔离的一处泄漏，操纵员先把 1 号环路与主回路隔离，然后对 1 号环路进行排水，此时发现稳压器水位下降，表明隔离不当，随后系统压力下降，稳压器水位上升，主冷却剂温差低于 5℃，燃料组件出口冷却剂温度上升，操纵员判断反应堆的自然循环丧失。操纵员启动两台上充泵以补充冷却剂，仪表显示主冷却剂温差立即上升，通过反应堆容器管线进行排汽，最终恢复了自然循环。

自我演练：

☆ 问题：

☆ 答案：

参考文献

[1] 《注册核安全工程师岗位培训丛书（修订版）》编委会．注册核安全工程师岗位培训丛书：核安全相关法律法规[M]．北京：经济管理出版社，2013.

[2] 《注册核安全工程师岗位培训丛书（修订版）》编委会．注册核安全工程师岗位培训丛书：核安全综合知识[M]．北京：经济管理出版社，2013.

[3] 《注册核安全工程师岗位培训丛书（修订版）》编委会．注册核安全工程师岗位培训丛书：核安全专业实务[M]．北京：经济管理出版社，2013.

[4] 《注册核安全工程师岗位培训丛书（修订版）》编委会．注册核安全工程师岗位培训丛书：核安全案例分析[M]．北京：经济管理出版社，2013.

[5] 《全国注册核安全工程师执业资格考试辅导教材》编审委员会．全国注册核安全工程师执业资格考试辅导教材：核安全相关法律法规[M]．北京：中国原子能出版社，2018.

[6] 《全国注册核安全工程师执业资格考试辅导教材》编审委员会．全国注册核安全工程师执业资格考试辅导教材：核安全综合知识[M]．北京：中国原子能出版社，2018.

[7] 《全国注册核安全工程师执业资格考试辅导教材》编审委员会．全国注册核安全工程师执业资格考试辅导教材：核安全专业实务[M]．北京：中国原子能出版社，2018.

[8] 《全国注册核安全工程师执业资格考试辅导教材》编审委员会．全国注册核安全工程师执业资格考试辅导教材：核安全案例分析[M]．北京：中国原子能出版社，2018.

[9] 《核与辐射安全》编写委员会．中国环境百科全书选编本：核与辐射安全[M]．北京：中国环境出版社，2015.

[10] 《铀水冶基础知识》编写组．铀水冶基础知识[M]．北京：原子能出版社，1978.

[11] 10CFR50 附录 B，核电厂和燃料后处理厂质量保证准则[S].

[12] ASME NQA-1，Quality Assurance Requirements for Nuclear Facility Applications[S].

[13] Energy，Electricity and Nuclear Power Estimates for the Period up to 2050[Z]. 2017 Edition.

[14] GB 11217—1989，核设施流出物监测的一般规定[S].

[15] GB 11806—2004，放射性物质安全运输规程[S].

[16] GB 14500—2002，放射性废物管理规定[S].

[17] GB 18871—2002，电离辐射防护与辐射源安全基本标准[S].

[18] GB 50325—2010（2013 年版），民用建筑工程室内环境污染控制规范[S].

[19] GB 6249—2011，核动力厂环境辐射防护规定[S].

[20] GB 6566—2010，建筑材料放射性核素限量[S].

[21] GB 8702—2014，电磁环境控制限值[S].
[22] GB/T 17680.1，核电厂应急计划与应急准备准则　第 1 部分：应急计划区的划分[S].
[23] GB/T 17568—2019，γ 辐照装置设计建造和使用规范[S].
[24] GBZ 120—2020，核医学放射防护要求[S].
[25] GBZ 128—2019，职业性外照射个人监测规范[S].
[26] GBZ 130—2020，放射诊断放射防护要求[S].
[27] HAD401/08—2016，核设施放射性废物最小化（2016 年 10 月 21 日国家核安全局国核安发〔2016〕273 号发布）[S].
[28] HAD002/01—2019，核动力厂营运单位的应急准备和应急响应[S].
[29] HAD002/06—2019，研究堆营运单位的应急准备和应急响应[S].
[30] HAD002/07—2019，核燃料循环设施营运单位的应急准备和应急响应[S].
[31] HAD003/01—1988，核电厂质量保证大纲的制定（1988 年 10 月 6 日国家核安全局批准发布）[S].
[32] HAD003/02—1989，核电厂质量保证组织（1989 年 4 月 13 日国家核安全局批准发布）[S].
[33] HAD003/03—1986，核电厂物项和服务采购中的质量保证（1986 年 10 月 30 日国家核安全局批准发布）[S].
[34] HAD003/04—1986，核电厂质量保证记录制度（1986 年 10 月 30 日国家核安全局批准发布）[S].
[35] HAD003/05—1988，核电厂质量保证监查（1988 年 1 月 28 日国家核安全局批准发布）[S].
[36] HAD003/06—1986，核电厂设计中的质量保证（1986 年 10 月 30 日国家核安全局批准发布）[S].
[37] HAD003/07—1987，核电厂建造期间的质量保证（1987 年 4 月 17 日国家核安全局批准发布）[S].
[38] HAD003/08—1986，核电厂物项制造中的质量保证（1986 年 10 月 30 日国家核安全局批准发布）[S].
[39] HAD003/09—1988，核电厂调试和运行期间的质量保证（1988 年 1 月 28 日国家核安全局批准发布）[S].
[40] HAD003/10—1989，核燃料组件采购、设计和制造中的质量保证（1989 年 4 月 13 日国家核安全局批准发布）[S].
[41] HAD102/10—1988，核电厂保护系统及有关设施（1988 年 10 月 6 日国家核安全局批准发布）[S].
[42] HAD103/01—2004，核动力厂运行限值和条件及运行规程（2004 年 12 月 8 日国家核安全局批准发布）[S].
[43] HAD103/11—2006，核动力厂定期安全审查（2006 年 6 月 5 日国家核安全局批准发布）[S].
[44] HAD103/07—1988，核电厂在役检查（1988 年 10 月 6 日国家核安全局批准发布）[S].
[45] HAD501/02—2018，核设施实物保护（2018 年 2 月 11 日国家核安全局国核安发〔2018〕52 号发布）[S].
[46] HAF001/02/02—1995，民用核设施安全监督管理条例实施细则之二附件二——研究堆营运单位报告制度（1995 年 6 月 14 日国家核安全局发布）[S].
[47] HAF001/02/03—1995，民用核设施安全监督管理条例实施细则之二附件三——核燃料循环设施的报告制度（1995 年 6 月 14 日国家核安全局发布）[S].
[48] HAF001/02—1995，中华人民共和国民用核设施安全监督管理条例实施细则之二——核设施的安全监督（1995 年 6 月 14 日国家核安全局发布）[S].

[49] HAF003—1991，核电厂质量保证安全规定（1991 年 7 月 27 日国家核安全局令第 1 号发布）[S].

[50] HAF101—2023，核动力厂厂址评价安全规定（2023 年 2 月 27 日国家核安全局国核安发〔2023〕38 号发布）[S].

[51] HAF102—2016，核动力厂设计安全规定（2016 年 10 月 26 日国家核安全局国核安发〔2016〕265 号发布）[S].

[52] HAF103—2022，核动力厂调试和运行安全规定（2022 年 6 月 9 日国家核安全局国核安发〔2022〕97 号发布）[S].

[53] HAF402—2013，放射性固体废物贮存和处置许可管理办法（2013 年 12 月 30 日环境保护部令第 25 号发布，2019 年 8 月 22 日生态环境部令第 7 号修订）[S].

[54] HAF501/01—1990，中华人民共和国核材料管制条例实施细则（1990 年 9 月 1 日国家核安全局国核安法字 129 号发布）[S].

[55] HAF601—2007，民用核安全设备设计制造安装和无损检验监督管理规定（2007 年 12 月 28 日国家环保总局令第 43 号发布，2019 年 8 月 22 日生态环境部令第 7 号修订）[S].

[56] HAF604—2007，进口民用核安全设备监督管理规定（2007 年 12 月 28 日国家环保总局令第 46 号发布，2019 年 8 月 22 日生态环境部令第 7 号修订）[S].

[57] HAF701—2010，放射性物品运输安全许可管理办法（2010 年 9 月 25 日环境保护部令第 11 号发布，2019 年 8 月 22 日生态环境部令第 7 号第一次修订，2020 年 12 月 25 日生态环境部令第 20 号第二次修订）[S].

[58] HAF702—2016，放射性物品运输安全监督管理办法（2016 年 3 月 14 日环境保护部令第 38 号发布）[S].

[59] HAF801—2017，放射性同位素与射线装置安全许可管理办法（2006 年 1 月 18 日国家环境保护总局令第 31 号公布，2008 年 12 月 6 日环境保护部令第 3 号第一次修正，2017 年 12 月 20 日环境保护部令第 47 号第二次修正，2019 年 8 月 22 日生态环境部令第 7 号第三次修正，2020 年 12 月 25 日生态环境部令第 20 号第四次修正）[S].

[60] HAF802—2011，放射性同位素与射线装置安全和防护管理办法（2011 年 4 月 18 日环境保护部令第 18 号公布）[S].

[61] HJ 1188—2021，核医学辐射防护与安全要求[S].

[62] IAEA. International Basic Safety Standards for Protection against Ionizing Radiation and for the Safety of Radiation Sources[R]. Safety Series No 115.

[63] IAEA. Protection of the Public against Exposure Indoors due to Radon and Other Natural Sources of Radiation[R]. Safety Standards Series No.SSG-32.

[64] IAEA. Generic Assessment Procedures for Determining Protective Actions during a Reactor Accident（TECDOC-955）[R]. 1997.

[65] IAEA. Guidebook on Good Practice in the Management of Uranium Mining and Mill Operations and the Preparation for Their Closure（TECDOC No.1059）[R]. Vienna，1989.

[66] IAEA. IAEA Safety Glossary，Terminology Used in Nuclear Safety and Radiation Protection[R]. 2016 Revision.

[67] IAEA. Predisposal Management of Radioactive Waste[R]. No. GSR Part 5，2009.

[68] IAEA. Performing Safety Culture Self-assessments[R]. Safety Reports Series No.83，Vienna，2016.

[69] IAEA. Radiation Protection and Safety of Radiation Sources：International Basic Safety Standards[R]. No. GSR Part 3，2014.

[70] IAEA. Regulatory Control of Radioactive Discharges to the Environment[R]. Revision of WS-G-2.3（Draft DS442），2016.

[71] IAEA. Regulatory Control of Radioactive Discharges to the Environment[R]. WS-G-2.3，2000.

[72] IAEA. Safety culture. Safety Series No. 75-INSAG-4[R]. Vienna：IAEA，1991.

[73] IAEA. SCART Guidelines. IAEA Services Series No.16[R]. Vienna：IAEA，2008.

[74] IAEA. The Fukushima Daiichi Accident[R]. 2015.

[75] IAEA. The International Nuclear and Radiological Event Scale[R]. 2008.

[76] IAEA. 安全标准丛书第 GSR Part 3 号，国际电离辐射防护和辐射源安全基本安全标准[S]. Vienna，2014.

[77] IAEA. 放射源安全和保安行为准则[Z]. Vienna，2004.

[78] IAEA. 核安保丛书第 11 号，实施导则，放射源的安保问题[Z]. Vienna，2011.

[79] IAEA-RDS-1/37，International Atomic Energy Agency[Z]. Vienna，2017.

[80] ICRP. 1990 Recommendations of the International Commission on Radiological Protection（ICRP Publication 60.Ann.ICRP 21（1-3））[R]. 1991.

[81] ICRP. Lung Cancer Risk from Exposures to Radon Daughters（ICRP Publication 50. Ann.ICRP 17（1））[R]. 1987.

[82] ICRP. Protection Against Radon-222 at Home and at Work（ICRP Publication 65，Ann.ICRP 23（2））[R]. 1993.

[83] ICRP. The 2007 Recommendations of the International Commission on Radiological Protection（ICRP Publication 103.Ann.ICRP 37（2-4））[R]. 2007.

[84] ISO 9001，质量体系——设计/开发、生产、安装和服务的质量保证模式[S].

[85] NB/T 20293—2014，核电厂厂址选择基本程序规定[S].

[86] Ralph E. Lapp and Howard L. Andrew. Nuclear Radiation Physics，Prentice-Hell，Inc. Englewood Cliffs，New Jersey[R]. 1997.

[87] Standard Technical Specifications Westinghouse Plants. US Nuclear Regulatory Commission. NUREG-1431[R]. Revision 4. 2012.

[88] UNSCEAR. Sources and Effects of Ionizing Radiation，UNSCEAR 1993 Report to the General Assembly with Scientific Annexes[R]. 1993.

[89] UNSCEAR. Sources and Effects of Ionizing Radiation，UNSCEAR 2000 Report to the General Assembly with Scientific Annexes，VOLUME I：SOURCES，United Nations Publication[R]. 2000.

[90] UNSCEAR. United Nations Scientific Committee on the Effects of Atomic Radiation[R]. United Nations：New York，2008.

[91] US Nuclear Regulatory Commission. A Guide to the Performance of Probabilistic Risk Assessments for

Nuclear Power Plants. US Nuclear Regulatory Commission（NUREG/CR-2300）[R]. 1983.

[92] Choi，J.-H. Gupta，S.K. Istrate，R. Kim，H.-T. Kim，K. Krause，M. Ottaviani，A. Rao，R.S. Singhal，M. Yu，Jiyang. Comparison of Heavy Water Reactor Thermalhydraulic Code Predictions with Small Break LOCA Experimental Data（IAEA-TECDOC-1688ISBN）[R]. 2012.

[93] САННТЕ ПРАВИЛА ЛИКВИДАЦИИ、ККОНСЕРВАЦИЙ ИПЕРЕПРОФИЛИРОВАНИРВАНИЯ ПРЕдДПРИЯТИЙ ПО ДОЪЫЧЕ И ПЕРЕРАЪОТКЕ РАИОАКТИВНХ РУД [СП ЛКП-91] МСОКВА-1991.

[94] 曹康泰，解振华，等．中华人民共和国放射性污染防治法释义[M]．北京：法律出版社，2003.

[95] 陈伯显，张智．核辐射物理及探测学[M]．哈尔滨：哈尔滨工程大学出版社，2011.

[96] 陈晓秋，潘英杰，任天山．核能生产人工辐射源对中国大陆公众的辐射照射[J]．原子能科学与技术，2012（5）：633-640.

[97] 陈晓秋．解读核设施放射性流出物释放的 ALARA 和 BAT 概念[J]．辐射防护，2009，29（6）：396-403.

[98] 陈莹莹，陈鹏，李冰，等．福岛核事故后各国核事故应急救援队伍建设进展研究[J]．核安全，2015，14（3）：48-54.

[99] 陈志．电离辐射防护基础[M]．北京：清华大学出版社，2020.

[100] 程建平，潘自强，等．电离辐射防护和辐射源安全[M]．北京：原子能出版社，2007.

[101] 丁洪林．核辐射探测器[M]．哈尔滨：哈尔滨工程大学出版社，2010.

[102] 范我，强亦忠．核药学教程[M]．哈尔滨：哈尔滨工程大学出版社，2005.

[103] 方庆贤．核安全级设备的设备鉴定[M]．国家环境保护总局核安全中心内部培训教材，2004.

[104] 放射性废物安全管理条例（2011 年 12 月 20 日中华人民共和国国务院令第 612 号发布）[Z].

[105] 放射性同位素与射线装置安全和防护条例（2005 年 9 月 14 日中华人民共和国国务院令第 449 号颁布，2014 年 7 月 29 日中华人民共和国国务院令第 653 号第一次修订，2019 年 3 月 2 日中华人民共和国国务院令第 709 号第二次修订）[Z].

[106] 放射性物品道路运输管理规定（2010 年 10 月 27 日交通运输部令 2010 年第 6 号发布，2016 年 9 月 2 日交通运输部令 2016 年第 71 号修改）[Z].

[107] 放射性物品分类和名录（试行）（2010 年 3 月 4 日环境保护部公告 2010 年第 31 号公布）[Z].

[108] 放射性物品运输安全管理条例（2009 年 9 月 14 日中华人民共和国国务院令第 562 号发布）[Z].

[109] 关于发布《放射性废物分类》的公告（2017 年 11 月 30 日环境保护部、工业和信息化部、国家国防科技工业局公告 2017 年第 65 号发布）[Z].

[110] 关于发布放射源分类办法的公告（2005 年 12 月 23 日国家环保总局公告 2005 年第 62 号发布）[Z].

[111] 关于发布《民用核安全设备目录（2016 年修订）》及有关解释说明的通知（2016 年 4 月 7 日，国家核安全局国核安发〔2016〕79 号发布）[Z].

[112] 关于进一步加强商用核动力厂建造阶段核安全管理的通知（2010 年 2 月 5 日国家核安全局国核安发〔2010〕11 号发布）[Z].

[113] 关于进一步明确《民用核安全设备监督管理条例》及其配规章的有关要求的通知（2010 年 11 月 11 日国家核安全局国核安发〔2010〕156 号发布）[Z].

[114] 关于进一步明确《民用核安全设备监督管理条例》及其配套规章有关业绩方面要求的通知（2011 年 8 月 19 日国家核安全局国核安函〔2011〕118 号发布）[Z].
[115] 关于印发《民用核安全设备审评监督第二次经验交流会会议纪要》的通知（2011 年国家核安全局国核安函〔2011〕52 号发布）[Z].
[116] 关于印发《医用同位素中长期发展规划（2021—2035 年）》的通知（国家原子能机构、科技部、公安部、生态环境部、交通运输部、国家卫生健康委、国家医疗保障局、国家药品监督管理局文件 国原发〔2021〕2 号）[Z].
[117] 关于执行《民用核安全设备监督管理条例》及其配套规章有关要求的通知（2008 年 10 月 29 日国家核安全局国核安函〔2008〕89 号发布）[Z].
[118] 国际放射防护委员会．国际放射防护委员会 2007 年建议书[M]．潘自强，等译校．北京：原子能出版社，2008.
[119] 国际放射防护委员会 1990 年建议书[M]．李德平，等译．北京：原子能出版社，1993.
[120] 国际原子能机构（IAEA）．Disposal of Radioactive Waste（No. SSR-5）[R]. 2011.
[121] 国际原子能机构（IAEA）．Site Evaluation for Nuclear Installations（NS-R-3 Rev.1）[R]. 2016.
[122] 国际原子能机构（IAEA）．安全领导和管理（GSR PART2）[Z]. 2016.
[123] 国际原子能机构（IAEA）．核电厂质量保证安全规范（50-C-QA）[Z]. 1978.
[124] 国际原子能机构（IAEA）．核电厂和其他核设施安全的质量保证（50-C/SG-Q）[Z]. 1996.
[125] 国际原子能机构（IAEA）．设施和活动的管理体系（GS-R-3）[Z]. 2006.
[126] 国际原子能机构（IAEA）．文件控制和记录（50-SG-Q3）[Z]. 1996.
[127] 国际原子能机构（IAEA）．质保大纲的制定和履行（50-SG-Q1）[Z]. 1996.
[128] 国际原子能机构．安全文化[M]．大亚湾核电运营管理有限责任公司，译．北京：原子能出版社，2005.
[129] 国际原子能机构．安全文化[M]．李维音，徐文兵，译．北京：原子能出版社，1992.
[130] 国际原子能机构．安全标准丛书第 SF-1 号：基本安全原则[Z]. 2007.
[131] 国际原子能机构．《安全标准丛书》第 GSR Part 3 号：国际电离辐射防护和辐射源安全的基本安全标准（暂行版）[S].
[132] 国际原子能机构（IAEA）．核电厂质量保证安全规范（50-C-QA，Rev.1）[Z]. 1988.
[133] 国家核安全局．核安全文化政策声明（2015 年 1 月 14 日发布）[Z].
[134] 国家核安全局．福岛核事故后核电厂改进行动通用技术要求（试行）(2012 年 6 月 12 日国家核安全局国核安发〔2012〕98 号发布）[Z].
[135] 国家核安全局．核安全文化特征. NNSA-HAJ-1001-2017[Z]. 2017.
[136] 核电厂核事故应急管理条例（1993 年 8 月 4 日中华人民共和国国务院令第 124 号发布，2011 年 1 月 8 日中华人民共和国国务院令第 588 号修订）[Z].
[137] 核电厂在役检查无损检验技术能力验证实施办法（试行）(2015 年 9 月 15 日国家核安全局国核安发〔2015〕193 号发布）[Z].
[138] 核动力厂管理体系安全规定（2020 年 12 月 31 日生态环境部令第 18 号公布）[Z].
[139] 核动力厂营运单位核安全报告规定（2020 年 11 月 16 日生态环境部令第 13 号公布）[Z].

[140] 核动力厂、研究堆、核燃料循环设施安全许可程序规定（2019 年 8 月 26 日生态环境部令第 8 号公布）[Z].

[141]《核工业污染及其防治》编译组. 核工业污染及其防治[M]. 北京：原子能出版社，1978.

[142] 季建文，李尚远，等. 铀矿山废水处理：铀镭的去除[M]. 北京：原子能出版社，1982.

[143] 厥为民，王海峰，田时丰，等. 我国地浸采铀研究现状与发展[J]. 铀矿冶，2005（03）.

[144] 李德平，潘自强. 辐射防护手册（第三分册）：辐射安全[M]. 北京：原子能出版社，1987.

[145] 李德平，潘自强. 辐射防护手册（第一分册）：辐射源与屏蔽[M]. 北京：原子能出版社，1987.

[146] 李韧杰，潘英杰，等. 铀矿冶设施退役与环境治理[M]. 北京：原子能出版社，2001.

[147] 联合国原子辐射效应科学委员会（UNSCEAR）. 电离辐射源与效应[M]. 北京：原子能出版社，1996.

[148] 刘坤贤，王邵，韩建平，等. 放射性废物处理与处置[M]. 北京：中国原子能出版社，2012.

[149] 刘新华，吴浩，曹芳芳，等. 放射性物质安全运输规程（GB 11806）实用指南[M]. 北京：科学出版社，2015.

[150] 刘新华，等. 放射性物品运输概述[M] 北京：科学出版社，2015.

[151] 卢玉楷. 简明放射性同位素应用手册[M]. 上海：上海科学普及出版社，2004.

[152] 罗上庚，张振涛，张华. 核设施与辐射设施的退役[M]. 北京：中国环境科学出版社，2010.

[153] 罗上庚. 放射性废物概论[M]. 北京：原子能出版社，2003.

[154] 罗上庚. 放射性废物处理与处置[M]. 北京：中国环境科学出版社，2007.

[155] 罗顺忠. 核技术应用[M]. 哈尔滨：哈尔滨工程大学出版社，2009.

[156] 毛丹弘. 误差与数据处理[M]. 北京：化学工业出版社，2008.

[157] 民用核安全设备监督管理条例（2007 年 7 月 11 日中华人民共和国国务院令第 500 号颁布，2016 年 2 月 6 日中华人民共和国国务院令第 666 号第一次修订，2019 年 3 月 2 日中华人民共和国国务院令第 709 号第二次修订）[Z].

[158] 民用核安全设备目录（第一批）（2007 年 12 月 29 日国家核安全局国核安发〔2007〕168 号发布）[Z].

[159] 民用核安全设备焊接人员资格管理规定（2019 年 6 月 12 日生态环境部令第 5 号公布）[Z].

[160] 民用核安全设备无损检验人员资格管理规定（2019 年 6 月 13 日生态环境部令第 6 号公布）[Z].

[161] 民用核安全设备制造阶段不符合项监督管理要求（试行）（2016 年 4 月 27 号，国家核安全局国核安发〔2016〕84 号发布）[Z].

[162] 民用核设施安全监督管理条例（1986 年 10 月 29 日国务院发布）[Z].

[163] 民用核设施操作人员资格管理规定（2021 年 1 月 27 日生态环境部、国家发展和改革委员会令第 22 号公布）[Z].

[164] 潘英杰，徐乐昌，刘晓超. 铀矿冶放射性废物最小化[M]. 北京：中国原子能出版社，2014.

[165] 潘英杰. 浅谈原地爆破浸出矿井通风防护问题[J]. 铀矿冶，2005（02）.

[166] 潘英杰. 我国铀矿冶设施退役治理现状与对策[J]. 辐射防护，2009（03）.

[167] 潘英杰. 铀尾矿库辐射安全及事故预防对策[J]. 铀矿冶，2002（04）.

[168] 潘自强，程建平，等. 电离辐射防护和辐射源安全[M]. 北京：原子能出版社，2007.

[169] 潘自强，刘森林，等. 中国辐射水平[M]. 北京：原子能出版社，2010.

[170] 潘自强. 电离辐射环境监测与评价[M]. 北京：原子能出版社，2007.

附录　注册核安全工程师执业资格考试大纲（2024年版）

第一部分　《核安全相关法律法规》科目考试大纲

考试目的

通过本科目考试，检验参加考试人员对我国核安全法律法规体系、核安全重要法律法规、与核安全有关的重要规范性文件的规定和要求等内容的熟悉程度，以及对有关国际公约基本规定的了解情况，促使参加考试人员进一步树立安全意识，增强核安全法律观念。本科目是从事核与辐射安全审评、核与辐射安全监督、民用核设施运行与管理、质量保证、核技术利用、辐射防护、辐射环境监测和其他与核安全密切相关工作人员必备的法律知识。

考试内容

一、我国核安全法律法规体系

我国核安全法律法规体系；我国核安全法律法规体系各个层次之间的相互关系；我国核安全法律法规体系各个层次的制定、发布部门和法律地位。

二、核安全重要法律和法规

1.《中华人民共和国放射性污染防治法》

总则、放射性污染防治的监督管理、核设施的放射性污染防治、核技术利用的放射性污染防治、铀（钍）矿和伴生放射性矿开发利用的放射性污染防治、放射性废物管理的有关规定，附则中给出的用语含义。

2.《中华人民共和国核安全法》

总则、核材料和放射性废物安全、核事故应急、信息公开和公众参与、监督检查的有关规定，附则中给出的用语含义。

3.《中华人民共和国民用核设施安全监督管理条例》

总则、监督管理职责、安全许可证制度、核安全监督的有关规定，附则中给出的用语含义。

4.《中华人民共和国核材料管制条例》

总则、监督管理职责、核材料管制办法、许可证持有单位及其上级领导部门的责任的有关规定，附则中给出的用语含义。

5.《核电厂核事故应急管理条例》

总则、应急机构及其职责、应急准备、应急对策和应急防护措施、应急状态的终止和恢复措施、资金和物资保障的有关规定，附则中给出的用语含义。

6.《放射性同位素与射线装置安全和防护条例》

总则、许可和备案、安全和防护、辐射事故应急处理、监督检查的有关规定，附则中给出的用语含义。

7.《民用核安全设备监督管理条例》

总则、标准、许可、设计、制造、安装和无损检验、进出口、监督检查的有关规定，附则中给出的用语含义。

8.《放射性物品运输安全管理条例》

总则，放射性物品运输容器的设计、制造与使用，放射性物品的运输，监督检查的有关规定。

9.《放射性废物安全管理条例》

总则、放射性废物处理和贮存、处置、监督管理的有关规定。

三、核安全部门规章

第 0 部分　通用系列规章

生态环境部令第 8 号	核动力厂、研究堆、核燃料循环设施安全许可程序规定	总则、申请与受理、审查与决定、变更与延续的有关规定，附则中给出的用语含义
生态环境部、国家发展和改革委员会令第 22 号	民用核设施操作人员资格管理规定	总则、申请与颁发、培训与考核、监督与管理的有关规定，附则中给出的用语含义
HAF001/02	民用核设施安全监督管理条例实施细则之二——核设施的安全监督	总则、核安全监督职责、核安全检查、对营运单位及有关单位的要求
生态环境部令第 13 号	核动力厂营运单位核安全报告规定	总则、定期报告、重要活动报告、建造阶段事件报告、运行阶段事件报告、核事故应急报告的有关规定，附则中给出的用语含义
HAF001/02/02	民用核设施安全监督管理条例实施细则之二附件二——研究堆营运单位报告制度	定期报告、重要活动通告、建造阶段事件报告、运行阶段事件报告、核事故应急报告的有关规定
HAF001/02/03	民用核设施安全监督管理条例实施细则之二附件三——核燃料循环设施的报告制度	定期报告、重要活动通告、建造阶段事件报告、运行阶段事件报告、核事故应急报告的有关规定
HAF002/01	核电厂核事故应急管理条例实施细则之一——核电厂营运单位的应急准备和应急响应	总则、应急计划及相关文件的制定与审评、对应急准备和应急响应的监督、记录和报告制度的有关规定，附则中给出的用语含义

HAF003	核电厂质量保证安全规定	引言、质量保证大纲、组织、文件控制、设计控制、采购控制、物项控制、工艺过程控制、检查和试验控制、对不符合项的控制、纠正措施、记录、监查的有关规定，重要名词术语的含义
生态环境部令第 18 号	核动力厂管理体系安全规定	总则、安全责任、安全领导、安全管理、核安全文化、评价改进的有关规定，附则中给出的用语含义
第 1 部分　核动力厂系列规章		
HAF101	核动力厂厂址评价安全规定	引言、基本要求、厂址评价准则、外部事件评价要求、核动力厂对区域的潜在影响评价的有关规定，重要名词术语的含义
HAF102	核动力厂设计安全规定	引言、安全目标和纵深防御概念、设计安全管理、主要技术要求、核动力厂总体设计、核动力厂系统设计要求的有关规定，重要名词术语的含义
HAF103	核动力厂调试和运行安全规定	引言，核动力厂营运单位、人员的资格和培训，核动力厂调试、运行、修改，辐射防护、放射性废物及流出物管理，定期安全评价、老化管理、运行许可证延续，记录、文件和报告的有关规定，重要名词术语的含义
第 2 部分　研究堆系列规章		
HAF201	研究堆设计安全规定	引言、安全目标、选址要求、设计总要求、具体设计要求的有关规定，重要名词术语的含义
HAF202	研究堆运行安全规定	引言，安全运行的责任、运行安全分析、运行限值和条件、运行规程、调试，维修、定期试验和检查，堆芯和燃料管理、记录和报告、反应堆应用、修改、放射性废物、辐射防护、应急计划的编制、保卫、质量保证、退役的有关规定，重要名词术语的含义
第 3 部分　非堆核燃料循环设施系列规章		
HAF301	民用核燃料循环设施安全规定	引言、安全职责、安全目标、厂址选择、设计与建造、调试与运行、退役、质量保证的有关规定，重要名词术语的含义

第 4 部分　放射性废物管理系列规章		
HAF401	放射性废物安全监督管理规定	适用范围、放射性废物管理的目标和原则、放射性废物安全监督管理职责、放射性废物安全管理重要环节的有关规定，重要名词术语的含义
HAF402	放射性固体废物贮存和处置许可管理办法	总则、许可证申请、许可证审批的有关规定
第 5 部分　核材料管制系列规章		
HAF501/01	中华人民共和国核材料管制条例实施细则	总则、核材料许可证持有单位的责任，核材料许可证的申请、审查和颁发，核材料账务管理、核材料衡算、实物保护的有关规定，各类设施的闭合材料平衡 MUF 的相对标准偏差限值（附表一）、核材料实物保护等级划分（附表二）
第 6 部分　民用核安全设备监督管理系列规章		
HAF601	民用核安全设备设计制造安装和无损检验监督管理规定	总则、许可、质量管理与控制、报告与备案、监督检查、附则的有关规定，有关名词术语的含义
HAF602	民用核安全设备无损检验人员资格管理规定	总则、证书申请与颁发、监督管理的有关规定
HAF603	民用核安全设备焊接人员资格管理规定	总则、证书申请与颁发、监督管理的有关规定
HAF604	进口民用核安全设备监督管理规定	总则、境外单位的注册登记、国务院核安全监管部门的监督检查，民用核设施营运单位的监造、装运前检验、监装和验收，进口民用核安全设备的安全检验、附则的有关规定，有关名词术语的含义
第 7 部分　放射性物品运输管理系列规章		
HAF701	放射性物品运输安全许可管理办法	放射性物品的分类管理、运输容器设计的批准与备案、运输容器制造的许可与备案、放射性物品运输批准与备案的有关规定，有关名词术语的含义
HAF702	放射性物品运输安全监督管理办法	总则，放射性物品运输容器设计、制造、放射性物品运输活动监督管理，运输容器统一编码规则及一二类容器编码卡的有关规定
第 8 部分　放射性同位素和射线装置监督管理系列规章		
HAF801	放射性同位素与射线装置安全许可管理办法	总则，许可证的申请与颁发，进出口、转让、转移活动的审批与备案，监督管理，附则的有关规定

HAF802	放射性同位素与射线装置安全和防护管理办法	总则、场所安全和防护、人员安全和防护、废旧放射源与被放射性污染的物品管理、监督检查、应急报告与处理、豁免管理的有关规定，附则中有关术语的含义

四、重要规范性文件

1	国核安发〔2013〕165 号	关于印发《研究堆安全分类（试行）》的通知	本文件的适用范围、研究堆安全分类考虑的主要因素、分类准则和安全特性、附录中我国在役民用研究堆安全分类示例情况
2	国环规辐射〔2016〕1 号	关于印发《民用核燃料循环设施分类原则与基本安全要求（试行）》的通知	本文件中民用核燃料循环设施的范围，安全目标与纵深防御、核燃料循环设施分类、基本安全要求、已有设施的安全评价，附表中关于核燃料循环设施分类的举例
3	环境保护部公告　2010 年第 31 号	关于发布《放射性物品分类和名录》（试行）的公告	放射性物品分类原则、放射性物品分类和名录、放射性物品运输免管
4	环境保护部、工业和信息化部、国家国防科技工业局公告 2017 年第 65 号	关于发布《放射性废物分类》的公告	总则、放射性废物分类体系、豁免或者解控的剂量准则、放射性废物类别和限值、附则的有关内容及主要术语的含义
5	国核安发〔2016〕79 号	关于发布《民用核安全设备目录（2016 年修订）》及有关解释说明的通知	解释和说明、民用核安全设备目录（2016 年修订）
6	国家环境保护总局公告　2005 年第 62 号	关于发布放射源分类办法的公告	放射源分类原则、放射源分类表的注释、非密封源分类
7	环境保护部、国家卫生和计划生育委员会公告　2017 年第 66 号	关于发布《射线装置分类》的公告	射线装置分类原则、射线装置分类表及其注释
8	人发〔2002〕106 号	注册核安全工程师执业资格制度暂行规定	总则、注册、执业范围、权利、执业单位数量、附则的有关规定
9	人社部发〔2022〕8 号	人力资源社会保障部关于降低或取消部分准入类职业资格考试工作年限要求有关事项的通知	文件正文的有关内容，附件中关于调整后注册核安全工程师资格考试工作年限的要求
10	国核安发〔2010〕25 号	注册核安全工程师执业资格关键岗位名录（第一批）	文件附件中关于不同类别执业单位最少在岗人数的要求
11	国核安发〔2015〕40 号	关于规范核技术利用领域辐射安全关键岗位从业人员管理的通知	文件正文的有关内容
12	人社部发〔2017〕68 号	人力资源社会保障部关于公布国家职业资格目录的通知	文件正文的有关内容，注册核安全工程师执业资格在 2021 版国家职业资格目录中的地位

五、国际公约与相关文件

1.《核安全公约》

第 1 章中目的、定义、适用范围，第 2 章中履约措施、提交报告、已有的核设施、立法和监管框架、监管机构、许可证持有者的责任、安全优先、人的因素、质量保证、安全的评价和核实、辐射防护、选址、设计和建造、运行，第 3 章中特别会议、简要报告、语文、保密，第 4 章分歧的解决、作准文本等内容。

2.《乏燃料管理安全和放射性废物管理安全联合公约》

第 1 章中目标、定义、适用范围，第 2 章中乏燃料管理一般安全要求、已存在的核设施、拟议中设施的选址、设施的设计和建造、设施的安全评价、设施的运行、乏燃料的处置，第 3 章中放射性废物管理一般安全要求、已存、拟议中设施的选址、设施的设计和建造、设施的安全评价、设施的运行、关闭后的制度化措施，第 4 章中履约措施、监管机构、许可证持有者的责任、人力与财力、质量保证、运行辐射防护、应急准备、退役，第 5 章超越国界运输、废密封源，第 6 章提交报告、出席会议、保密等内容。

3.《及早通报核事故公约》

第 1 条适用范围、第 2 条通报和情报、第 3 条其他核事故、第 4 条机构的职责、第 5 条应提供的情报、第 6 条协商、第 7 条主管当局和联络点、第 8 条对缔约国的援助、第 9 条双边和多边协定、第 10 条与其他国际协定的关系、第 11 条争端的解决（除第 2 款）等内容。

4.《核事故或辐射紧急援助公约》

第 2 条援助的提供，第 3 条对援助的指导和管理，第 4 条主管当局和联络点，第 5 条机构的职责，第 6 条机密与公布情况，第 7 条费用的偿还，第 8 条特权、豁免和便利，第 9 条人员、设备和财物的过境，第 10 条索赔和补偿（除第 2 款），第 11 条援助的终止，第 13 条争端的解决（除第 2 款）等内容。

5.《核设施与核材料实物保护公约》

第一、二、三、四、五、六、七、十七条（除第二款）、附件 II 核材料分类表及其注释等内容。

第二部分 《核安全综合知识》科目考试大纲

考试目的

通过本科目考试，检验参加考试人员对核物理、核能与核技术利用、辐射防护以及核安全文化等方面知识的熟悉程度，使参加考试人员从总体上把握核与辐射安全相关工作的基本理论和综合知识，并能利用这些知识解决实际问题。本科目是从事核与辐射安全审评、核与辐射安全监督、民用核设施运行与管理、质量保证、核技术利用、辐射防护、辐射环境监测和其他与核安全密切相关工作人员必备的基础知识。

考试内容

一、原子核物理基础

原子的壳层结构、原子核的组成及其稳定性、原子核的大小、原子核的结合能；放射性衰变基本规律、放射系、放射性衰变规律的应用；常见辐射类型及其特征、射线与物质相互作用；核反应与反应道、核反应分类、核反应能及其阈值、核反应截面和产额；自发裂变、诱发裂变、裂变后现象。

二、核反应堆工程基础

中子与原子核的相互作用、核反应截面和核反应率密度、中子的慢化、核反应堆临界条件，核燃料的消耗、转化与增殖，堆内中子注量率分布与功率展平；反应性的概念、反应性系数、影响反应性变化的因素、反应性控制；核反应堆热源及其分布、传热的基本方式、沸腾传热、临界热流密度和偏离泡核沸腾比。

三、核反应堆与核动力厂

核反应堆的分类；压水堆核动力厂的基本特点、反应堆本体、一回路系统及其主要设备、安全壳、主要的一回路辅助系统、主要的二回路系统；沸水堆、重水堆、高温气冷堆、快中子堆等其他核反应堆堆型的发展概况和基本特征；国内外新型压水堆（AP1000、CAP1400、EPR、华龙一号等）基本知识；研究堆的基本概念、应用领域以及国内外典型研究堆；缓发中子的作用，反应堆及核动力装置功率控制原理、控制系统、核仪表系统、堆芯测量系统；核反应堆保护系统的功能、安全准则及保护功能的实现。

四、民用核安全设备基础知识

民用核安全设备的特殊性；民用核安全设备的核安全分级要求，以及不同级别的核安全机械设备、核安全电气设备典型代表；国内民用核安全设备标准、美国 ASME 规范体系、法国 RCC 规范体系、俄罗斯法规标准；民用核安全设备常用金属结构材料、力学性能、非铁元素对钢材性能的影响、辐照对金属材料的影响、核安全设备常用钢材；反应堆压力容器、反应堆堆内构件、控制棒驱动机构、蒸汽发生器、稳压器、反应堆冷却剂泵等主要民用核安全设备基本知识。

五、核燃料循环

核燃料闭式循环和开式循环；铀矿地质勘探，铀矿常规开采与化学采矿；常规铀水冶、堆浸、原地浸出和原地爆破浸出提铀、铀精制（纯化）的简要工艺；铀化合物转化的工艺特点、四氟化铀生产、六氟化铀生产、六氟化铀还原；铀浓缩的概念、基本原理和简要工艺流程；核燃料组件制造工艺流程；乏燃料的特性、乏燃料贮存和运输，后处理的意义、特点、简要工艺流程；放射性废物的来源、处理和处置；天然放射性物质管理。

六、核技术利用基础知识

放射源、非密封放射性物质、射线装置；表征放射源的基本参数、放射性同位素概况、常用放射源的辐射特征；核反应堆、加速器、放射性核素发生器生产放射性同位素及从乏燃料中提取放射性同位素；放射性同位素在医学、工业、农业、食品加工、航天中的应用；射线装置在医疗诊断和治疗、工业 CT、工业辐照中的应用，中子发生器的应用；国内外核技术利用的发展状况。

七、辐射防护基础

辐射防护的目的与任务；辐射源种类、来源与水平；职业照射、医疗照射、公众照射、潜在照射；辐射损伤机理、影响辐射效应的主要因素、辐射生物效应的分类、不同辐射效应的定义及特征；辐射防护中使用的量及其单位；实践与干预，计划照射情况、应急照射情况、现存照射情况；辐射防护基本原则；辐射防护剂量限值；外照射防护的基本原则和方法，放射性物质进入人体内的途径、内照射防护的基本原则和方法；α 射线、β 射线、γ 射线、中子防护基本要点；辐射防护大纲简要知识。

八、辐射监测基础

不同种类辐射探测器的探测原理、常见探测器及其主要特点，探测器的本底和屏蔽；外照射和内照射个人剂量监测的目的、监测对象、监测方法及常见监测设备；辐射工作场所监测的目的、作用、外照射剂量率水平监测、α/β 表面污染监测、空气污染监测基本知识，辐射工作场所监测的常见仪器；环境监测的对象和目的、环境监测的分类、监测项目和监测方案、典型监测方法、环境监测的设备；流出物监测的目的和内容。

九、基本安全原则

基本安全原则的提出；基本安全原则的适用范围；基本安全目标；基本安全原则。

十、核安全文化

国际原子能机构（IAEA）关于安全文化的定义、安全文化的普遍特性、有形表征；《核安全文化政策声明》关于核安全和核安全文化的定义，核安全文化的培育与实践；核安全文化特征；核安全文化评估的目的和意义、评估方法、评估步骤、评估结论的应用。

第三部分 《核安全专业实务》科目考试大纲

考试目的

通过本科目考试，检验参加考试人员从事核安全工作必须的业务技能，以提高参加考试人员解决实际问题的能力。本科目是从事核与辐射安全审评、核与辐射安全监督、民用核设施运行与管理、质量保证、核技术利用、辐射防护、辐射环境监测和其他与核安全密切相关工作人员必需的业务技能和工作能力。

考试内容

一、核与辐射安全监督管理概述

核与辐射安全监督管理的范围和组织机构；核设施安全许可的内容、国务院核安全监督管理部门对核设施的核安全监督管理；核安全设备设计、制造、安装和无损检验、核材料、放射性物品运输、放射性废物、辐射安全等核与辐射安全许可制度及监督管理的基本情况；核设施的环境影响评价、电磁辐射安全监督管理等其他核与辐射安全监督管理。

二、核设施质量保证要求

核电质量保证规范的形成与发展、HAF003 与 ISO 9001 的主要区别；我国核动力厂质量保证的法规基本结构、框架及主要原则要求；我国核设施质量保证导则的构成、基本内容与使用；质量保证大纲概述、管理性程序、详细工作用文件等三个层次文件的编制；质量保证大纲的制定和实施；质量保证大纲履行情况的评定；《核电厂质量保证大纲的格式和内容》（试行）中关于质量保证政策声明、防造假机制的有关内容。

三、核动力厂厂址安全评价

核动力厂厂址选择、核动力厂厂址安全评价考虑的因素和主要问题，关于核设施厂址安全评价的经验反馈；核动力厂厂址地震危险性评价目的和基本要求、地震基础知识、地质地震调查的分级及基础资料调查的内容、地震动的确定；气象危险性评价目的及基本要求、所需资料与调查，极端气象现象、罕见气象现象设计基准的确定，与最终热阱有关的设计基准气象问题；洪水事件及洪水对核动力厂的主要影响、滨海核动力厂及滨河核动力厂设计基准洪水的确定；核动力厂厂址评价中地基和岩土工程问题；核动力厂厂址评价中需考虑的外部人为事件、流出物的弥散、人口分布问题；其他核设施选址安全评价。

四、核动力厂的设计安全要求

核动力厂系统设计基本安全目标及实现措施；纵深防御的概念及其在核动力厂的具体体现；核动力厂安全管理要求；核动力厂安全功能、安全分级和设计规范；核动力厂总体设计安全要求；核动力厂构筑物、系统和部件的可靠性设计；核动力厂辐射防护设计、防火设计安全要求；核动力厂设计基准事故安全分析；严重事故的预防和缓解；概率安全分析及其在安全管理中的应用。

五、核动力厂的调试和运行

对核动力厂营运单位的要求；核动力厂调试；核动力厂的运行限值和条件；核动力厂运行管理；安全重要构筑物、系统和设备的维修、试验、监督和检查；核动力厂的修改；核动力厂运行经验反馈；辐射防护、放射性废物及流出物管理、定期安全评价、老化管理、运行许可证延续、退役准备等方面的有关要求。

六、民用核安全设备监督管理

我国民用核安全设备监管的发展历程；进口民用核安全设备监管的基本要求；我国民用核安全设备资格管理制度的基本要求，监管的主要制度手段；我国民用核安全设备特种工艺人员资格分类及管理基本要求；我国对民用核安全设备活动过程中质量保证体系建立、关键物项分包、报告制度及标准等方面的基本要求；民用核安全设备关于设备鉴定、重大质量问题及在役检查能力验证等方面的管理原则要求。

七、核燃料循环设施核安全监督管理

铀矿开采和加工的主要危害因素及管理限值、安全监督管理要求；铀矿开采和加工设施退役治理的基本原则、技术政策，退役治理目标和技术措施，废石场、尾矿库长期监护；铀转化和铀浓缩设施设计、建造、运行安全要求；铀燃料元件制造设施厂址选择、设计、建造、调试、运行安全要求；乏燃料贮存设施设计、运行、安全评价要求；乏燃料后处理设施厂址选择、设计、建造和调试、运行安全要求，乏燃料后处理设施物项分级、典型事故；核燃料循环设施的辐射防护、核临界安全、化学安全。

八、核材料管制与核设施实物保护

核材料管制的目的、基本要求与主要对策；核材料衡算的分类、闭合平衡方法的含义、核材料不平衡差的概念、核材料衡算的计算、衡算周期的确定、核材料平衡区划分的基本原则和关键测量点；实物保护的基本概念，核材料和核设施的实物保护级别、实物保护系统设计和评价；核材料管制的监督检查。

九、核设施应急准备和响应及其监督管理

核事故与核事故应急的概念与典型案例；我国核事故应急管理体制；核动力厂营运单位场内应急预案的基本内容；干预与防护行动；核事故应急状态、应急行动水平、核事故应急响应；核设施应急计划区的基本概念、类型、划分原则与划分安全准则；核动力厂场内、核动力厂所在省级场外、国家级核应急设施；应急响应能力的保持；小型堆的应急准备和响应；国务院核安全监督管理部门对应急准备与响应工作的监管；国际核与辐射事件分级表的基本构成及用途。

十、放射性同位素和射线装置的安全监管

基于风险的核技术利用分级管理；放射性同位素和射线装置安全监管的相关规定和要求；放射性同位素和射线装置的许可管理；放射性同位素在医学、工业应用中的辐射防护，钴源辐照装置的辐射防护；加速器的辐射危害及其应用中的辐射防护，X 射线机、中子发生器应用中的辐射防护；放射源生产、销售、使用、贮存管理，废源返回生产厂家或送贮要求，放射源全过程信息化监管，放射源安保；放射性同位素的生产；核技术利用放射性废物的收集、贮存，废旧放射源的管理，城市放射性废物库的安全防范；核技术利用退役的基本要求、非密封放射性物质工作场所退役、放射性废物库退役、加速器场所退役；辐射事故的定义、分级、应急预案。

十一、放射性废物和核设施退役安全监管

放射性废物管理目标和基本原则；放射性废物的产生、不同分类方法、我国放射性废物分类方法和国际原子能机构推荐的分类方法；放射性废气、废液、固体废物的处理工艺与安全监管要求，废物的包装与贮存；低放废物处置场的选址、建造、运行和废物接收，处置场的关闭和关闭后的安全监护，放射性废物处置安全监管要点，极低放废物处置、中放废物处置；高放废物处置库选址、相关研发、国内外高放废物处置库进展情况。

十二、放射性物品运输安全监督管理

放射性物品运输的危害和风险、放射性物品运输方式、放射性物品运输安全性；国际放射性物品运输安全管理规章及国内放射性物品运输安全管理法规标准；我国放射性物品运输安全管理体系、分类管理，放射性物品运输容器设计、制造与使用环节的许可和监督管理，放射性物品装运监管要求；GB 11806 中关于放射性物品运输基本限值、放射性物品品名及联合国编号、放射性物品分类、货包的类型及试验要求、货包标志与标签及运输车辆标牌、运输和中途贮存要求等放射性物品安全运输主要技术要求。

十三、流出物排放控制

流出物的概念、特点及管理要求；流出物中的污染物种类、流出物的来源；辐射源与人及环境的关系、流出物在环境中的转移和弥散途径；流出物排放控制的原则；流出物排放要求和排放准则；流出物监测的基本要求、监测大纲（计划）的制定、气载流出物在线监测、液态流出物取样分析、无组织排放监测、监测质量保证；核设施、核技术利用、铀矿冶和伴生放射性矿的流出物管控现状；流出物排放的监管策略、限值和条件。

十四、辐射环境监测

辐射环境监测的概念、分类、作用和特点；环境监测制度和“双轨监测”，辐射环境监测大纲制定遵循的原则和要点；辐射环境监测的目的、原则，陆地和海洋辐射环境质量监测；辐射源环境监测的目的、原则，核动力厂、放射性废物暂存库和中低放射性废物处置场与处理设施、核燃料后处理设施、铀的转化浓缩及元件制造设施、核技术利用、铀矿及伴生放射性矿开发利用等辐射源环境监测的主要内容；核与辐射事故应急监测的目的、原则、主要内容；辐射环境监测方法；辐射环境监测的质量保证。

第四部分　《核安全案例分析》科目考试大纲

考试目的

通过本科目考试，检验参加考试人员综合运用《核安全相关法律法规》《核安全综合知识》《核安全专业实务》三个科目的知识，发现问题、解决实际问题的能力，即针对核与辐射安全典型案例进行分析，并提出处理措施等，促使参加考试人员进一步提高核与辐射安全的执业水平。

考试内容

本科目考试内容和要求参照《核安全相关法律法规》《核安全综合知识》《核安全专业实务》三个科目的考试大纲。

一、《核安全案例分析》科目的考试试题，要求针对核与辐射安全典型案例进行分析，除能清楚阐述概念、基础原理外，需指出其类型、性质、等级、原因、后果、处理和经验反馈等方面内容。具体说明如下：

1．类型：案例发生的领域和状态（核设施、核技术利用等；建造、运行、维修、放射性同位素与射线装置的生产、销售、使用等）；

2．性质：人因事件、设备故障、规程缺陷等；

3．等级：按国际核与辐射事件分级表（INES）分为 0～7 级，辐射事故按我国法规规定分为四个等级；

4．原因：逻辑关系及直接原因和根本原因分析；

5．后果：现实后果或潜在后果；

6．处理：预防、纠正或缓解的措施，问题解决的办法；

7．经验反馈：应该吸取的经验教训及提高安全性的建议等；

8．自由发挥：考试人员对本案例希望表达的其他有关内容。

二、《核安全案例分析》科目的考试试题将与《核安全专业实务》科目相对应，分为以下七个部分：

1．反应堆工程案例分析；

2．铀（钍）矿与伴生放射性矿案例分析；

3．核燃料加工、处理与放射性物质运输案例分析；

4．核技术应用案例分析；

5．放射性废物管理与核设施退役案例分析；

6．核设施选址案例分析；

7．质量保证案例分析。

三、对核安全典型案例进行分析时，除需要运用《核安全专业实务》科目和《核安全综合知识》科目的相关知识之外，还需要以《核安全相关法律法规》科目各有关法律法规的相关规定和要求为依据，在法定的框架与范围内进行分析并找到解决问题的办法。

第五部分 考试说明

为了帮助从事核与辐射安全相关工作的专业技术人员了解注册核安全工程师执业资格全国统一考试的内容和要求，现将考试有关问题说明如下：

一、考试性质

国家对在核能和核技术利用及为核与辐射安全提供技术服务的单位中从事核与辐射安全相关工作的专业技术人员实行职业资格制度，设置准入类职业资格，纳入国家职业资格目录。注册核安全工程师执业资格考试由人力资源和社会保障部、生态环境部共同组织实施。注册核安全工程师执业资格实行统一大纲、统一命题、统一组织的考试制度，原则上每年举行一次。考试成绩实行两年为一个周期的滚动管理。参加全部 4 个科目考试的人员必须在连续的两个考试年度内通过应试科目；免试部分科目的人员必须在一个考试年度内通过应试科目。

考试合格者，颁发人力资源和社会保障部统一印制、人力资源和社会保障部与生态环境部共同用印的《中华人民共和国注册核安全工程师执业资格证书》。

二、考试方式

注册核安全工程师执业资格考试方式为闭卷考试，客观题科目在答题卡上作答，主观题科目在答题纸上作答。

三、报名条件

凡遵守《中华人民共和国宪法》和法律、法规，恪守职业道德，并具备下列条件之一者，可申请参加注册核安全工程师执业资格考试：

（一）取得核与辐射安全相关专业大学专科学历，从事核与辐射安全相关工作满 4 年；或取得其他专业大学专科学历，从事核与辐射安全相关工作满 5 年。

（二）取得核与辐射安全相关专业大学本科学历或学士学位，从事核与辐射安全相关工作满 3 年；或取得其他专业大学本科学历或学士学位，从事核与辐射安全相关工作满 4 年。

（三）取得核与辐射安全相关专业第二学士学位或研究生班毕业，从事核与辐射安全相关工作满 2 年；或取得其他专业第二学士学位或研究生班毕业，从事核与辐射安全相关工作满 3 年。

（四）取得核与辐射安全相关专业硕士研究生学历或硕士学位，从事核与辐射安全相关工作满 1 年；或取得其他专业研究生学历或硕士学位，从事核与辐射安全相关工作满 2 年。

（五）取得理工类专业博士学位。

四、免试部分科目条件

截至 2002 年 12 月 31 日，在核安全相关岗位上受聘担任高级专业技术职务满 3 年的专业技术人员，可免试《核安全相关法律法规》和《核安全综合知识》2 个科目，只参加《核安全专业实务》和《核安全案例分析》2 个科目的考试。

五、考试科目及试题类型

注册核安全工程师执业资格全国统一考试设《核安全相关法律法规》《核安全综合知识》《核安全专业实务》《核安全案例分析》4 个科目，考试内容以考试大纲为依据。4 个科目分别单独考试、单独计分。

《核安全相关法律法规》《核安全综合知识》《核安全专业实务》3 个科目为客观题科目，试题的题型均为客观题，包括单项选择题和多项选择题。

《核安全案例分析》为主观题科目，试题的题型可包括客观题和主观题。客观题可包含单项选择题和多项选择题等题型，主观题可包含问答、计算、综合分析等题型。

第六部分 试卷结构

一、客观题科目

《核安全相关法律法规》《核安全综合知识》《核安全专业实务》3 个科目的总分均为 120 分，考试时间均为 2.5 小时。考试内容包括共性内容和个性内容。共性内容为全体应考人员的必考内容；个性内容为选学、选考内容。个性内容分为核工程、核技术 2 个专业组，应考人员可结合实际工作情况及本人意愿，选答其中 1 个专业组规定数量的试题。必考内容 70 题，全体考生均需作答，其中单项选择题 55 题，多项选择题 15 题；选考内容 60 题，每个专业组各 30 题，根据考试报名时所选专业组进行作答，其中单项选择题 25 题，多项选择题 5 题。单项选择题每题 1 分，多项选择题每题 2 分。3 个客观题科目对应必考、核工程专业组选考、核技术专业组选考内容范围如下：

《核安全相关法律法规》必考内容为该科目考试大纲第一、二部分全部内容，第三部分的放射性废物管理系列、放射性物品运输管理系列，第四部分的 3、4、8、9、10、12，第五部分的 2、3、4。核工程专业组选考内容为第三部分的通用系列、核动力厂系列、研究堆系列、非堆核燃料循环设施系列、核材料管制系列、民用核安全设备监督管理系列，第四部分的 1、2、5，第五部分的 1、5；核技术专业组选考内容为第三部分的放射性同位素和射线装置监督管理系列，第四部分的 6、7、11。其中第五部分试题分数占比不超过 5%。

《核安全综合知识》必考内容包括该科目考试大纲第一、五、七、八、九、十部分。核工程专业组选考内容为第二、三、四部分；核技术专业组选考内容为第六部分。

《核安全专业实务》必考内容包括该科目考试大纲第一、七、十一、十二、十三、十四部分。核工程专业组选考内容为第二、三、四、五、六、八、九部分；核技术专业组选考内容为第十部分。

二、主观题科目

《核安全案例分析》科目总分 100 分，考试时间 3 小时。核工程、核技术专业组各 4 个案例，考生根据考试报名时所选专业组进行作答。

第七部分 考试样题

考试试题分为单项选择题、多项选择题、案例分析题。其中，《核安全相关法律法规》《核安全综合知识》《核安全专业实务》三科的考试试题均为单项选择题和多项选择题；《核安全案例分析》的考试试题综合采用选择题、问答题、计算题、案例分析等形式。

一、单项选择题（每题 1 分，每题的备选项中，只有 1 个最符合题意）

1．保证核设施安全的主要目的是（　　）。

A．防止对核设施的人为破坏和防止自然灾害

B．防止设备毁坏、人员伤亡

C．防止工作人员和公众受到过量的放射性危害

D．建立健全的安全保卫体制

答案：C

2．以下文件属于行政法规的是（　　）。

A．《中华人民共和国核安全法》

B．《民用核安全设备监督管理条例》

C．《中华人民共和国核材料管制条例实施细则》

D．《注册核安全工程师执业资格制度暂行规定》

答案：B

二、多项选择题（每题 2 分，每题的备选项中，有 2 个或 2 个以上符合题意，错选、少选均不得分）

1．国家对核与辐射安全相关事项实行许可制度，由国家核安全局负责审批的事项包括（　　）。

A．从事放射性污染防治的专业人员资格认定

B．民用核设施操纵员执照核发

C．民用核设施选址、建造、装料、运行、退役等活动审批

D．民用核安全设备设计、制造、安装和无损检验单位许可证核发

E．生产放射性同位素、销售和使用 I 类放射源、销售和使用 I 类射线装置单位许可证核发

答案：ABCDE

2．下列属于易裂变核素的是（　　）。

A．U-235

B．U-238

C．Pu-239

D．Th-232

E．Cf-252

答案：AC

三、案例分析题

案例 1　某游泳池反应堆发生了超功率保护停堆事件。现场辐照组操作人员在进行某项操作时，引起控制室出现“1#调节系统超速保护”“2#调节系统超速保护”警告信号，控制室操纵员进行一系列操作后，发生“功率保护≥120%”，反应堆自动紧急停堆。

经调查分析，弄清楚整个事件发生过程如下：

1．事件发生时，反应堆在满功率下已运行约 4 个小时，可知还没有达到平衡中毒。1#自动棒棒位比较高，处于 290～300 mm（自动棒工作范围是 200～300 mm）。

2．现场辐照组操作人员未按规程要求，在事先未通知控制室操纵员的情况下，进行某项操作，引入一个变化速率超过规定值的较大的负反应性，导致 1#调节系统超速保护，随后 2#调节系统超速保护，1#、2#调节系统的功能失效，这时反应堆功率呈下降状态。

3．控制室操纵员发现 1#自动棒快速提升，棒位较高，立即手动提升补偿棒，试图将 1#自动棒调回到正常工作位置。

4．当操纵员发现提升补偿棒不能将 1#自动棒调回正常工作位置时，反应堆功率已经上升到接近 120%额定功率，操纵员立即按紧急停堆按钮，但此时发生“功率保护≥120%”事故信号，反应堆自动紧急停闭。

5．事件发生后，对一回路水、烟囱气体进行检查，未发现有放射性异常升高现象。

根据以上材料，回答以下问题：

1．根据国际核与辐射事件分级表（INES），核与辐射事件和事故共分为几个级别，称为事件的是哪些级别，称为事故的是哪些级别？

2．请对此事件进行全面分析（包括类型、性质、等级、原因、后果、处理措施及经验反馈，如果考试人员认为有必要，也可以对本案例发表本人希望表达的自由发挥内容）。

参考答案：略

案例 2　某公司开展除医疗外的多项业务，为拓展业务领域，增加业务收入，在已有数枚 I 类、II 类、III类放射源的基础上，又新购置了一台 X 射线机。由于业务繁忙，该公司工作人员咨询生产厂家后，得知相对放射源而言，射线装置是在通电的情况下才产生射线，较易控制，就没有认真学习相关知识。为争取早日使用运行，X 射线机运抵现场后，在安全防护设施的安装还没完成时，就开始了 X 射线机的调试工作。

某日，该公司工作人员甲从控制室拿了钥匙，打开辐射实验室门，进入辐射实验室后打开空调，做试机前准备工作。随后，走出辐射实验室并将门锁上，钥匙放回控制室的工作台上，然后对 X 射线机进行开机调试。约 10 min 后，另一工作人员乙来到控制室，乙记得当天没有安排试机的计划，便拿起工作台上的钥匙，并对甲说：“我要进去看看，你不要开机”，但甲正聚精会神地操作，并没有听见乙在讲什么，也没有应答。

乙拿了钥匙，开门进入辐射实验室，对一些情况作了检查，发现没有问题就回到控制室，这时发现甲已开机，核实时间后，才意识到误入辐射实验室，受到了意外照射。

事故发生后，公司对事件经过做了全面分析，并送乙到医院救治，发现没有造成急性重度放射病和局部器官残疾。经估算，乙全身受照剂量为 85 mSv。

根据以上材料，回答以下问题（单选题中有 1 个选项最符合题意，多选题中有至少 2 个选项最符合题意）：

1．（单项选择题）关于辐射防护剂量限值描述正确的是（　　）。

A．职业照射年有效剂量限值为在规定的 5 年内平均不超过 50 mSv

B．职业照射皮肤年当量剂量限值为 2 Sv

C．公众照射年有效剂量限值为 15 mSv

D．对有效剂量的限制足以防止皮肤的随机性效应，对局部照射需设附加限值以防止确定性效应

2.（单项选择题）给出了我国辐射事故分级准则的是（　　）。

A．《中华人民共和国放射性污染防治法》

B．《核电厂核事故应急管理条例》

C．《放射性废物安全管理条例》

D．《放射性同位素与射线装置安全和防护条例》

3.（多项选择题）关于辐射事故分级准则及本次事故定级，以下描述正确的有（　　）。

A．根据辐射事故的性质、严重程度、可控性和影响范围等因素，我国将辐射事故分为四个等级

B．放射性同位素和射线装置失控导致 3 人以上（含 3 人）急性死亡的是重大辐射事故

C．本次事件导致乙全身受照剂量为 85 mSv，超过年剂量限值，但未造成急性重度放射病和局部器官残疾，是一般辐射事故

D．本次事件导致乙全身受照剂量为 85 mSv，未超过年剂量限值，是一般辐射事故

E．本次事件导致乙全身受照剂量为 85 mSv，超过年剂量限值，是较大辐射事故

4.（多项选择题）该公司应具备的条件有（　　）。

A．至少具有 1 名注册核安全工程师担任辐射防护负责人

B．应当有满足辐射防护和实体保卫要求的放射源暂存库或设备

C．使用场所有防止误操作、防止工作人员和公众受到意外照射的安全措施

D．有完善的辐射事故应急措施

E．有健全的操作规程、岗位职责、辐射防护和安全保卫制度、设备检修维护制度、放射性同位素使用登记制度、人员培训计划、监测方案等

5．从该事故中可以看出，该公司存在哪些问题？

6．为避免此类误照射事故的再次发生，应采取哪些技术和管理上的措施？

参考答案：略